专利运营理论与实务

中国科学院大连化学物理研究所／组织编写

杜　伟　韩奎国　张　晨／主编

知识产权出版社
全国百佳图书出版单位
—北京—

图书在版编目（CIP）数据

专利运营理论与实务/中国科学院大连化学物理研究所组织编写；杜伟，韩奎国，张晨主编. —北京：知识产权出版社，2023.9

ISBN 978-7-5130-8837-4

Ⅰ.①专… Ⅱ.①中… ②杜… ③韩… ④张… Ⅲ.①专利—运营管理—研究 Ⅳ.①G306.3

中国国家版本馆CIP数据核字（2023）第137783号

内容提要

本书从专利运营的理论和实践基础、专利运营的发展历程与主要类型、全球专利运营的典型模式及案例分析等方面展开研究，具体分析了我国专利运营的发展基础、政策导向及专利运营的模式，尤其对产业层面的专利运营案例及影响专利运营的内在因素和外在资源需求进行了深度解读，提出专利运营的发展趋势与路径选择。本书有助于专利运营从业人员更好地理解专利运营的理论基础，并由此建立起行之有效的专利运营实践路径，为实际工作提供指导。

责任编辑：尹　娟　　　　**责任印制**：孙婷婷

专利运营理论与实务

ZHUANLI YUNYING LILUN YU SHIWU

中国科学院大连化学物理研究所　组织编写

杜　伟　韩奎国　张　晨　主　编

出版发行：知识产权出版社有限责任公司		**网　　址**：http：//www. ipph. cn	
电　　话：010-82004826		http：//www. laichushu. com	
社　　址：北京市海淀区气象路50号院		**邮　　编**：100081	
责编电话：010-82000860转8702		**责编邮箱**：yinjuan@ cnipr. com	
发行电话：010-82000860转8101		**发行传真**：010-82000893	
印　　刷：北京中献拓方科技发展有限公司		**经　　销**：新华书店、各大网上书店及相关专业书店	
开　　本：720mm×1000mm　1/16		**印　　张**：11.5	
版　　次：2023年9月第1版		**印　　次**：2023年9月第1次印刷	
字　　数：177千字		**定　　价**：68.00元	

ISBN 978-7-5130-8837-4

本书由中国科学院A类战略性先导科技专项“煤炭清洁燃烧与低碳利用”、2022年度辽宁省科学事业公益研究基金（编号：2022JH4/10100001）、国家知识产权局学术委员会2023年度专利专项研究项目“面向能源产业融合发展的知识产权智慧情报服务研究”（编号：Y230803）资助出版。

序

PREFACE

随着经济全球化的发展，专利运营越来越得到各国的重视。我国近年来在专利运营方面的增长趋势十分明显。随着各级有关专利运营政策的出台，关于专利运营的学术、市场讨论也趋于热烈。专利运营的理论研究和实践经验对于推动技术成果的转移转化越来越重要。

随着各类运营主体对专利运营内涵和外延理解的不断深入，我国目前专利运营业务的范围在不断拓展，不再局限于专利权的交易和转让、专利权的许可、专利权的质押、专利资产的证券化及侵权诉讼等常见商业模式，专利运营演变成创新的商业模式和逐步拓展的上下游服务链条，基本涵盖技术创新从研发到转化再到产业化的全流程。同时，随着我国在政策导向和法律法规方面的不断推进，国内市场的知识产权保护环境迅速提升，这也为专利运营业务的快速提升奠定了坚实的环境基础。

本书聚焦于专利运营的本质和底层逻辑，是专利运营理论与实践的有机结合，既具有关于专利运营的理论研究，又涵盖国内的实践研究和创新性的拓展路径分析。在实践操作层面，通过具体的案例帮助理解专利运营所应当关注的核心问题。这将有助于我们更好地理解专利运营的理论基础，并由此建立起行之有效的专利运营实践路径，为我国专利运营提供支撑。

本书由中国科学院大连化学物理研究所组织编写，从专利运营的理论和实践基础、专利运营的发展历程与主要类型以及全球专利运营的典型模式及案例分析等方面展开研究，又结合国家洁净能源知识产权运营中心的实践工作具体分析了中国专利运营的发展基础、政策导向、模式及案例，尤其关注产业层面的专利运营案例及影响，对专利运营的内在因素和外在资源需求进行了深度解读，最后提出专利运营的发展趋势与路径选择。

相信这本书的出版将有利于促进我国专利运营理论与实践的相互融合发展，助力我国的科技成果转移转化和知识产权价值实现，也为从事研究开发和专利运营相关工作的人员提供有益的借鉴和参考。

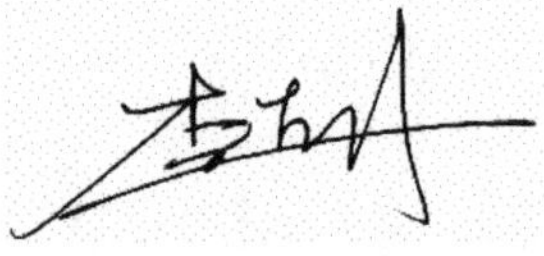

中国科学院大连化学物理研究所副所长

2023 年 8 月

目 录

CONTENTS

第一章 专利运营的理论和实践基础

随着新一轮全球产业变革的深入及国际产业结构的转变，我国经济发展正面临着转型升级的巨大压力和历史性机遇。我国政府也相应地提出了供给侧结构性改革、创新驱动发展等国家战略，从多个角度直接或间接地对我国产业升级进行引导。创新驱动的核心在于技术与模式的创新以及科技成果的转化。习近平总书记指出，创新是引领发展的第一动力，保护知识产权就是保护创新。而要实现“激发全社会创新活力”的效果，推动构建新发展格局，离不开对知识产权的合理运用和运营。

现阶段，“知识产权运营”这一概念已经成为国家政策和产业领域内的热点，其中“专利运营”更是出现频率最高的词汇之一。然而，在专利运营的具体内容以及专利运营的有效模式和其价值实现的路径等方面，目前在国内依然处于探索阶段，尚无行之有效的普适性模式。甚至，专利运营和专利运用这两个概念本身还存在诸多争议，专利运营的内涵与外延仍未有严格意义上的确认。

实际上，随着我国专利制度的不断修订，专利运营受到越来越多的关注，现已逐渐被纳入政策体系中。随着各级有关专利运营政策的出台，关于专利运营的学术、市场讨论也趋于热烈，但其侧重点也各不相同。在学术层面，主要是针对专利运营的理论研究，其聚焦专利运营过程中所面临的制度与法律障碍、运营过程中潜在的交易成本、市场化过程中的竞争策略和风险等方面。[1]而在政策导向层面，则更多的是关注技术成果的转移和转化，以及现有专利资产的有效运用和价值实现等。

本章内容，重点不在于探讨专利运营的概念和定义，而聚焦专利运营的本质和底层逻辑，以及聚焦在实践操作层面，探讨如何从具体的案例中去理解专

[1] 李昶．中国专利运营体系构建［M］．北京：知识产权出版社，2018．

利运营所应当关注的核心问题。这将有助于我们更好地理解专利运营的理论基础，并由此建立起行之有效的实践路径。

第一节　专利运营的底层逻辑

值得注意的是，“专利运营”作为我国目前学术和政策方面的热点词汇，却很少能在汉语以外的语言找到完全对应的概念。就其本源而言，“专利运营”这一术语，更多的是在我国创新驱动这一大环境下所逐渐衍生出来的一个全新概念。而在全球语境下，不管是理论层面，还是实践层面，“专利运营”（Patent Operation）都并非一个标准化的行业常用词汇。

根据谷歌检索结果可知，精准匹配“Patent Operation”这一词组的检索结果仅有44 000余条，并且其中还有很高比例的检索结果是来自与我国相关联的网址或者翻译内容。与之相对应的是，精准匹配中文“专利运营”这一词组的检索结果则超过一百万条。

从学术研究的角度来看，结果依然如此。根据谷歌学术（Google Scholar）的检索结果（截至2021年8月30日），精准匹配“Patent Operation”这一词组的学术论文检索结果仅有355条，其中绝大多数的作者是华人。而精准匹配“专利运营”这一中文词组的学术论文检索结果则超过2800条。

由此可见，专利运营是在我国创新驱动这一大环境下所逐渐衍生出来的一个全新的业务领域，如何界定专利运营业务的内涵与外延，依然是一个值得深入探讨的问题。

严格来说，狭义的运营（Operation）通常是指以知识运用或服务为导向的业务范畴。但是近年来，运营这一概念逐步扩展至更加广义的含义，也即并不仅涉及知识和服务层面，还可以涵盖产品化（Productization）或生产（Production）的过程。[1]

而就专利运营而言，目前对于这类新业务领域，从理论到实践层面却依然局限在狭义的运营角度，也即更多的是关注专利资产和法律属性，而并不侧重

[1] DANGAYACH G S, DESHMUKH S G. Manufacturing strategy: literature review and some issues [J]. International Journal of Operations & Production Management, 2001, 21 (7): 884-932.

专利的技术基础与保护范畴；更多地聚焦交易层面的制度设计，而并不太重视专利技术的运用与实施；更多地专注专利资产的市场化运作，却忽略了对具体技术成果的保护、转化和产业化等范畴。

实际上，专利运营本源上是以科技成果转化为出发点的，其不仅是科技成果转化过程中的重要步骤，也是科技成果转化在新阶段的发展趋势。[1]虽然专利权转让、专利实施许可和专利资产质押等是目前专利运营的主要方式，但科技成果的保护、科技成果权属界定、科技成果的认定和评估、科技成果的转化等问题，依然是专利运营过程中不得不考虑的关键问题。

换言之，专利运营不仅需要关注专利资产的运营属性，同样也应当重视专利权的其他属性。专利权作为保护技术创新的法定财产权，其同时涉及技术创新、实施运用及法律确权等多种流程。其中，专利的技术创新过程是一切运营活动的基础，也是其法律确权和实施运用的出发点。专利权的基本属性是各类专利市场行为的前提和基础。从专利实施到专利商用化，从专利运用再到专利运营，均是对专利产权属性认识不断深化发展的结果。[2]

可以明确的是，专利运营的实施对象（客体）是“专利权”；而专利运营的根本目的，则是通过特定的运营操作来实现专利权价值的最大化。[3]

实施对象（客体）是“专利权”以及将“专利权”价值最大化这两点，可以认为是专利运营的底层逻辑。

从常规的视角来说，专利运营可以涵盖专利权的转让、专利实施许可、专利技术作价投资，以及专利侵权诉讼等常见模式；而从技术成果转化的角度来说，专利运营又可以涉及专利的布局、专利技术的运用实施、专利成果的产业化等外延概念。这两种视角，都符合将“专利权”作为运营客体，通过特定的操作来实现专利权价值最大化的底层逻辑。

不同的运营主体，对于专利运营的理解也会有所偏差。例如，站在发明人的角度，会聚焦提升专利方案解决技术问题的实用价值；而对于投资人来说，则会更加侧重专利权的估值与收益增长。

站在不同的角度，对专利运营的范畴会有着差异化的理解。从实践角度来说，专利运营是否能够实现价值最大化这一核心目的，还取决于多种影响因

---

[1] 宋河发．我国知识产权运营政策体系建设与运营政策发展研究［J］．知识产权，2018（6）：7.

[2] 李昶．中国专利运营体系构建［M］．北京：知识产权出版社，2018.

[3] 毛金生，陈燕等．专利运营实务［M］．北京：知识产权出版社，2013.

素。专利要经历产生、确权、运营实施等不同发展阶段，会受到非常复杂的内、外部环境影响，而对其技术属性和无形资产属性产生影响的任何因素，都会对其潜在的运营价值产生或大或小的干扰。

专利权从本质上而言，是通过法律形式所固定下来的、针对技术创新的一种无形财产权，因此专利权涉及多种基础属性，其中包括专利权产生过程中所涉及的底层技术创新属性、实施与运用过程中所显现的无形资产属性，以及在运营过程中重点关注的价值运营属性。而这些基础属性的界定，又涉及多种关键要素，如技术要素、法律要素及经济要素等。专利权的基础属性与关键要素，各自对应不同的应用场景，即在不同的场景中会对专利运营产生特定的需求。因此，对专利基础属性的深入分析，有助于我们更好地理解和认识专利运营的基础与本质。

第二节　专利的技术与创新属性

虽然有历史记录表明，早在古希腊时期，Sybaris 城邦就出现过官方认可的特定形式的专利权。但是普遍公认的法定专利制度，则通常被认为是源自 1474 年颁布的《威尼斯专利法》，其中规定，必须将全新创造的设备上报至官方机构，以获取保护期为 10 年的独占许可，从而防止其他人进行随意侵权复制。[1]

这一体系化的专利制度，后来逐渐扩散至全球其他国家和地区。并且随着技术的不断进步及社会经济的持续发展，专利制度已经成为促进技术进步和推动产业发展的主导力量。

专利制度的出发点，是通过赋予有限时间内的独占技术使用权来鼓励创新，促进技术扩散。换言之，允许技术创造者将技术私权化。

专利权具有技术、无形资产和价值运营权利的多重属性，而对专利的运用基础是对其技术与创新方面的特性加以利用，通过技术方案来解决技术问题，从而在产品或者服务层面获得技术竞争优势。

---

[1] 知识产权来源于哪里[EB/OL].(2022-04-12). https://www.zhihu.com/question/527447132/answer/2435482797? utm_id=0.

在单纯的技术角度来看，技术创新是否能解决技术问题以及是否能形成竞争优势，往往取决于这种技术创新本身的质量。而转化到专利运营视角，或者说转化到专利权这一实践角度，技术创新的质量和优劣，实际上体现为专利申请文书的撰写质量以及后续的审查和诉讼过程中的应对策略水平。

虽然从目前通行的理论来说，知识产权运营一般并不会涵盖知识产权的确权阶段。换言之，在专利申请过程中进行的现有文献检索、专利文书撰写质量控制、预期无效及诉讼防范等流程，这些活动一般来说都不属于专利运营范畴，而仅被归类为知识产权服务范围。但是，从实践层面来说，专利的运营又无法脱离上述流程而独立操作。专利权的运营，其实践基础就是科技成果的转移和转化，因而科技成果本身的内容和质量，也属于影响转移和转化效率的重要因素。

因此，在考虑专利运营问题时，其基础与出发点就应当是决定专利内容和质量的核心要素，也就是专利的技术与创新属性。换言之，专利运营的基础与出发点表现为专利权质量的技术创新属性。

一、决定专利权质量的三个要素

不管是出于转让、许可，又或者诉讼的目的，还是将其用于实施、转化或产业化，要对一件专利进行运营操作，都有一个必要的前提，那就是该专利已经获得授权或者该专利申请至少已经具有很高的授权前景。

专利运营的核心目的，是实现专利的价值最大化。影响一件专利价值的因素有很多，其中绝大多数因素的作用机制及影响程度，取决于特定的技术背景及不同的市场竞争环境。有两个必要的基础因素，在几乎所有的运营场景下，都是首先要考虑的核心条件，这两个因素，就是已授权专利的保护范围及其稳定性。

因此，决定专利权质量，有三个必要前提因素：专利的授权前景、授权专利的保护范围和授权专利的稳定性。这三个因素既是进行专利运营首先要考虑的前置条件，也是专利运营潜力的基础评估要素。基于专利审查流程中对于专利文件修改范围的严格限定，上述三个必要前提因素在专利申请提交之后，原则上就难以再做任何实质性的修改。这也就导致任何后续的专利运营手段和流程，都无法对这三个因素存在的缺陷进行修正或补救。

因此，广义上的专利运营，实际上应当涵盖专利的申请阶段。也就是说，专利的撰写、专利的申请和审查等一系列流程的管理，在实践层面也应当属于专利运营的重要组成部分。

二、专利权质量的案例分析

专利的申请与审查（Patent Prosecution）阶段，其本质上是对专利所涉及技术的新颖性、创造性和实用性进行审查评估。而由于实用新型和外观设计专利并不需要经过实质性审查，因此其授权比率相对较高。根据国家知识产权局的数据，我国 2021 年授权发明专利 69.6 万件、实用新型专利 312 万件，外观设计专利 78.5 万件，授权发明专利的数量占授权总数的 15.1%。由于实用新型和外观设计没有经过实质性审查，其稳定性并未经受过检验，因此在运营前需要出具专利权评价报告来证明其稳定性，这也导致其潜在的运营价值存在不确定性。发明专利需要经历实质性审查才能获得授权，从而使得其保护范围和稳定性都经受过检验，这也就显著提升了此类专利的运营潜力。

专利获得授权，只表明涉及该专利的运营活动具备基础的起始条件。而授权的专利在后续操作中，依然有被无效的可能。因此，评估专利权的质量，需要从多个角度来进行分析。

专利文本的质量，尤其是权利要求书的撰写质量，是影响专利的授权前景、保护范围和稳定性的重要因素。我国有大量的授权发明专利，权利要求在 5 项以下，且权利要求的限定极其细致，从而导致保护范围非常狭窄，实质性运营价值较低。

如果授权发明专利只有 1 项权利要求，通常表明其保护范围小，在涉及无效诉讼时可修改余地小，专利运营的实际价值不大。如果授权发明专利具有 10 项以上权利要求，通常表明该专利的创新质量较高。因为申请时就要缴纳超权费，这也表明申请人的重视程度较高，此类专利在遇到无效诉讼时，权利要求修改余地大，专利运营的实际价值也较高。

基于 incoPat 专利检索数据库可知，截至 2021 年 8 月 30 日，我国科研院所提交的已公开的中国发明专利申请共计 512 968 件，其中获得授权的发明专利数量 239 791 件，授权比例约为 46.75%。而在权利要求数量方面，如图1-1所示，我国科研院所提交的发明专利申请中，权利要求数量超过 10 项的，其占比约为

10.06%，而10项及以下权利要求的发明专利申请占比为89.94%。

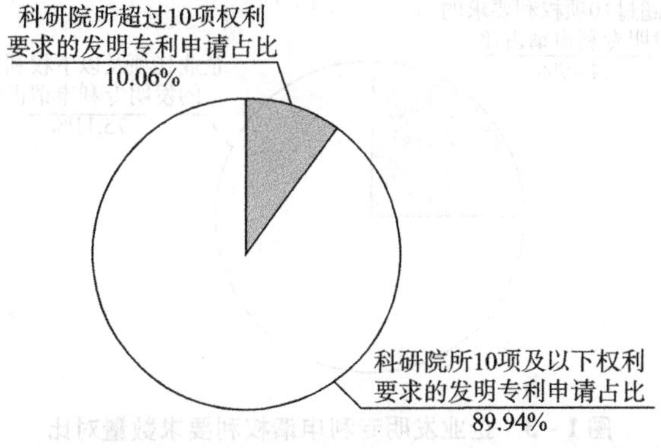

图1-1　科研院所发明专利申请权利要求数量占比对比

针对高校进行同样的数据分析，截至2021年8月30日，我国高校所提交的已公开中国发明专利申请共计1 970 719件，其中获得授权的发明专利数量884 211件，授权比例约为44.87%。而在权利要求数量方面，如图1-2所示，我国高校提交的发明专利申请中，权利要求数量超过10项的，其占比仅约为3.54%，而10项及以下权利要求的发明专利申请占比为96.46%。

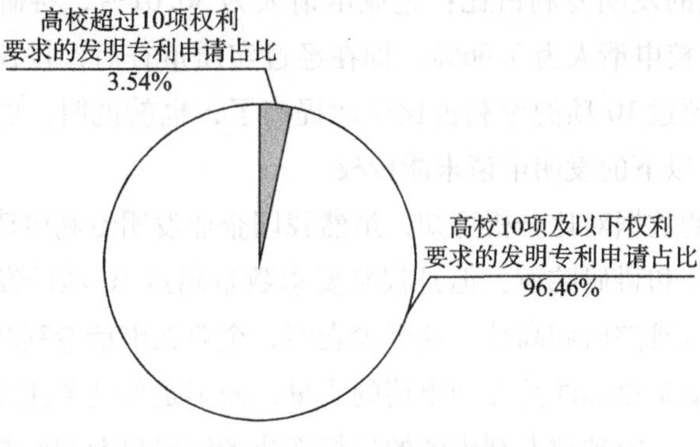

图1-2　高校发明专利申请权利要求数量对比

相比较而言，企业作为专利申请人的情况则明显优于高校和科研院所。截至2021年8月30日，我国由企业提交的已公开中国发明专利申请共计9 511 198件，其中获得授权的发明专利数量3 450 112件，授权占比约为36.27%。在权利要求数量方面，我国企业提交的发明专利申请中，权利要求数量超过10项的，其占比约为24.89%（图1-3），明显高于科研院所和高校的比例。

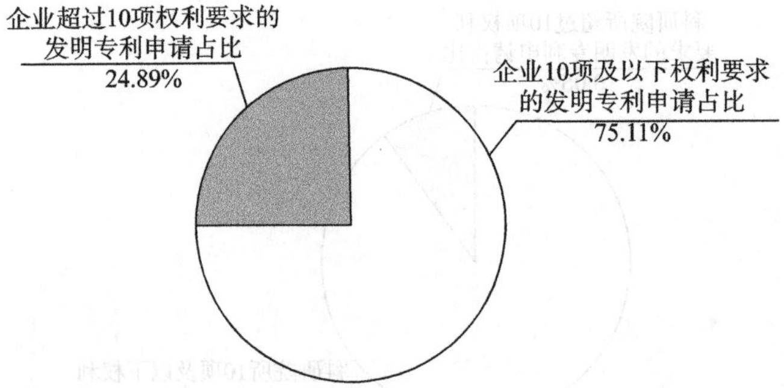

图1－3　企业发明专利申请权利要求数量对比

在发明专利的审查过程中，通常会涉及权利要求的修改和删除等操作，这也将导致最终获得授权的发明专利，其权利要求的数量会少于提交申请时的数量，而其保护范围也会相应缩小。因此，对于已授权的发明专利，整体上其权利要求的数量应该减少，即权利要求数量超过10项的已授权发明专利占比应该低于申请时占比。

而实际情况却并非如此，如果仅分析获得授权的发明专利，那么权利要求数量超过10项的发明专利占比：企业申请人为30.61%，科研院所申请人为11.58%，而高校申请人为3.66%。即在经过实质审查后，授权的发明专利的权利要求数量超过10项的专利占比反而提高了，也就说明，更多的权利要求数量在10项及以下的发明申请未能授权。

通过上述的数据对比分析可知，虽然我国企业发明专利申请的整体授权比例明显低于高校和科研院所，但是权利要求数量超过10项的发明专利申请占比却远远高于科研院所和高校。这至少表明，企业在申请专利时，更加愿意缴纳超权费，也就是更加注重专利申请的质量，而不是单纯关注授权率。

由此可知，一家单位专利申请的授权率或者说授权专利的数量，与其专利的质量并没有必然的联系。在我国的企业、高校和科研院所这三类申请人中，发明专利申请授权率最高的是高校，但是其超过10项权利要求的申请占比（3.54%）却最低，与科研院所（10.06%）的差距就很大，更是远低于企业占比（24.89%）。因此，从专利质量的角度来看，真正有参考意义的是专利本身的保护范围与稳定性，而非申请和授权的数量，这也是目前国内更加注重高价值专利培育的缘由。

需要注意的是，在发明专利获得授权之后，并不表明其就可以稳定保持授权状态。实际上，授权之后的专利，如果欠缺实质运营价值，就会被放弃，或者由于被他人提出无效请求而导致权利丧失。换言之，获得授权之后，依然能够长期保持有效的专利，至少整体而言，其创新质量应当更加有保障。

在我国目前依然保持有效的发明专利中，权利要求数量超过 10 项的比例，企业为 28.70%，科研院所为 12.27%，而高校则仅有 3.96%。

综上所述，在主观意愿上愿意维持其有效，且客观条件上允许其有效的发明专利中，会有更高比例的专利具有较多的权利要求。而多项权利要求通常表明，该专利对技术的保护范围更宽，且未来应对无效或者诉讼时，具有更多的可操作余地，也就是具有更高的稳定性。

在我国政策导向与产业趋向都越来越重视专利质量的情况下，想要提升专利资产的潜在运营价值，就必须从源头抓起，从技术和创新的角度出发，提升专利资产的整体质量。尤其是对于以研发和创新为主要业务领域的科研机构来说，从专利申请的初始阶段，就以运营的思维来规范和引导专利文书的撰写以及专利布局的策略，是十分有必要的举措。

三、提高专利质量的具体措施

《中华人民共和国国民经济和社会发展第十四个五年规划和 2035 年远景目标纲要》明确提出，要更好保护和激励高价值专利，并首次将“每万人口高价值发明专利拥有量”纳入经济社会发展主要指标。

但是，具体到企业和科研机构层面，提交大量的专利申请，首先在支出上是一种较大的压力，而专利即使能够获得授权，其长期的维护成本也并不低。而很多专利，即使获得授权，短期内也很难带来经营效益与竞争优势。因而，对于大多数企业和科研机构而言，专利的申请与维护是一种单纯的支出行为，无法获得直接收益，即使是以成本价转让，也很难吸引到买家。这也就自然而然地会导致大量的已授权专利被放弃。

换一个角度来看，对于具有潜在运营价值的专利，其申请人通常也更加愿意将其维持有效。因而，通过专利的维持年限，可以有效地对专利的运营潜力进行筛选。而基于国家知识产权局对高价值专利的评价标准，专利的维持年限是一个重要的参考因素。由于专利年费出现逐年递增的趋势，这也从客观上对专利价值产生了筛选作用。

数据显示，我国绝大多数授权专利的维持年限在10年以下，尤其是1~3年的占比相当高。这也是专利年费筛选作用的体现。已授权发明专利由于其申请成本较高，且审查周期较长，因此，维持年限相对较长，更加能够体现技术和创新的价值及质量。

全国已授权发明专利的维持年限分布情况如图1-4所示。

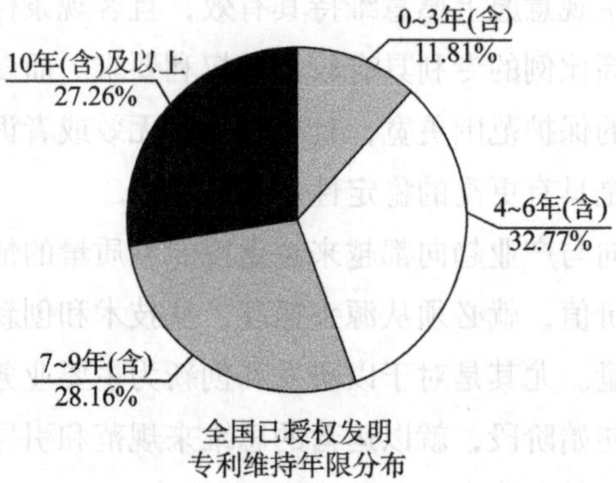

图1-4　全国授权发明专利的维持年限分布

其中，11.81%的已授权专利维持不到3年就被放弃，除了增加授权证书数量外，基本无法带来任何实质性收益。而能够维持超过10年（含）已授权的发明专利，占比仅为27.26%。最大占比的是维持了4~6年的区间，这一时间段基本上符合从提交申请到获得授权的3~5年平均周期，之后再使用授权专利获取一定政策补贴的时间线。可以认为此区间的发明专利主要是一种以补贴和政策性收益为导向的策略性创新，而并非以技术创新为导向的实质性创新。

再来分析一下科研院所作为申请人的相应数据（图1-5）：科研院所维持不到3年就放弃的已授权发明专利占比为14.42%，高于全国整体平均水平（11.81%）。这表明，在我国科研院所的发明专利申请中，单纯以获得授权证书为目标的低质量专利申请相对较多。科研院所维持4~6年的已授权发明专利占比为34.75%，依然高于全国平均水平（32.76%）。科研院所维持7~9年的已授权发明专利占比为28.87%，与全国平均水平（28.16%）基本相当。维持10年及以上的比例为21.96%，低于全国平均水平（27.26%）。

实际上，全国平均水平中，高校专利拉低了维持10年以上专利占比的平均值。因而，整体而言依然是企业作为申请人的发明专利，维持时间相对较长，而科研院所与高校却有更多的已授权发明专利在短时间内放弃。

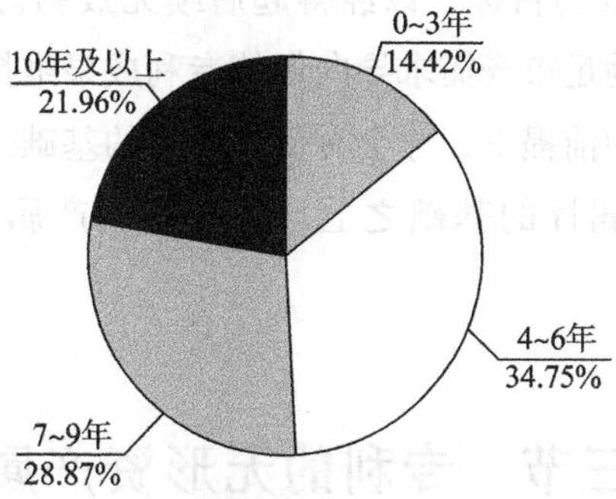

图1-5　科研院所授权发明专利的维持年限分布

因此，从运营角度出发，提升专利质量的举措和目标，都可以围绕专利的技术与创新属性来设定。具体措施方面，可以引导专利申请标准的提升，从追求数量转变为追求质量，也即从根源上避免创新成果“多而不强”的问题。发展目标方面，则应当提升专利成果的维持年限，也即尽量减少策略性创新，而鼓励和提升实质性创新的比例。

技术与创新层面所理解的高质量专利，虽然并不能完全等同于运营层面的高价值专利，但是两者之间却具备很多的共同特征。

首先，高质量专利和高价值专利都需要能经得起前期审查、中期无效以及后期诉讼等流程的反复检验。

其次，高质量专利和高价值专利都需要有效保护核心技术与主导产品，从而为运营主体带来实质性的收益或者形成明显的竞争优势。❶

因此，以运营为最终目标的专利质量提升，可以围绕以下几点进行具体操作：

（1）提升研发和创新的水平和针对性，不仅难度大、技术含量高，还要有针对性地解决市场对技术创新的需求。简言之，以市场需求为导向，以高技术含量为内核。

❶ 宋河发. 培育高价值专利 推动高质量发展[EB/OL]. (2017-12-29). http://www.cnipr.com/xy/zjzk/zjhw/201712/120171229_223982.html.

(2) 以运营目标为导向，但是要从专利申请阶段抓起，提升专利文书的撰写质量，并基于市场需求做好布局策略。

(3) 不单纯以授权为目标，以经得起后续无效和诉讼流程为标准，提升专利的稳定性，并以满足市场需求导向促使专利成果维持长期有效。

在实现上述目标的前提下，才会有更加优越的基础来探讨专利的潜在运营价值。在技术与创新属性的基础之上，专利的资产属性才有更广阔的拓展空间。

第三节　专利的无形资产属性

如上文所述，“专利运营”（Patent Operation）是在我国技术和市场发展环境下产生的新业务领域，这一词汇在全球语境下，并非行业内常用的概念。但是，专利运营背后的理念和逻辑，却是行业内始终存在的热点问题。

虽然，精准匹配“Patent Operation”这一词组的谷歌检索结果仅有44 000余条，但是精准匹配“Patent Portfolio”（专利投资组合）的谷歌检索结果却超过115万条，而精准匹配“Patent Portfolio”的谷歌学术检索超过16 000条。

这也从一定程度上表明，在全球语境下，虽然并没有通行的专利运营概念，但是无论是学术领域还是实践领域，将专利作为资产组合进行运作（Management）的理念却是一以贯之的。

“投资组合”（Portfolio）一词是指任意金融资产的组合，如股票、债券和现金等。投资组合可能由个人投资者持有或由金融专业人士、对冲基金、银行和其他专业机构进行管理。虽然普遍的理解认为，股票、债券和现金构成了投资组合的核心，但它并非必然的选择。实际上，投资组合可以包含各种类别的广泛资产，如房地产、艺术品及我们所关注的知识产权资产。[1]

根据投资者的风险承受能力、时间框架和投资目标来设计投资组合是一个普遍接受的原则。每项资产的货币价值可能会影响投资组合的风险或回报比率。在确定投资组合中的资产配置时，其核心目标是最大化预期收益并最小化

[1] 组合投资[EB/OL].（2021-11-27）.https://baike.baidu.com/item/%E7%BB%84%E5%90%88%E6%8A%95%E8%B5%84/399812?fr=aladdin.

风险。这实际上与专利运营的底层逻辑一致，同时也正是专利运营这一业务背后的核心理念。

一、专利运营理念的朴素解释

仅就技术层面的专利而言，其本质上仅仅是一种知识和经验的总结，本身并没有内在价值。而即使通过法律层面的手段，将其形成可以对技术有限独占使用的专利权，也依然仅仅局限在权利角度，并不会产生价值。从某种意义上说，专利技术或者专利权，在经济学上并不是“其本身的目的（end in itself）”。[1]

真正让专利技术或者专利权产生价值的，是该专利技术能够满足市场的某种特定需求，或者解决市场的特定问题，从而在这一满足需求、解决问题的过程中产生了经济价值。

而更进一步，该专利权的法定独占性又使得专利持有人可以排除市场上的其他竞争者，从而在特定司法管辖区域内独占使用和销售该专利相关产品的权益。这也就造成了实质上的有限垄断，专利权人能够收取的价格可能会高于竞争价格（竞争均衡中的价格）。这部分增量利润将仅归因于专利，因此也成为专利价值的来源。[2]

专利（专利权）作为一种潜在的资产，其价值来源并非其所限定的技术或者权利本身，而是来源于对这种技术或者权利的运用。这种以价值实现为目的对于专利（专利权）的运用行为，也就是对专利运营理念的朴素理解。

二、专利的无形资产属性

专利本质上是一种知识和经验的总结，是借助法律手段将其确认为权利，再通过特定的运营操作产生价值，最终实现其资产属性，即专利是一种具有特定属性的无形资产。

---

[1] Torres, Fernando. Thee Patent Value Guide: General Principles[EB/OL]. (2011 -02 -01)[2013 -01 -16]. https://www.patentvalueguide.com/2011/02/part - i - general - principles.html.

[2] Torres, Fernando. Thee Patent Value Guide: General Principles[EB/OL]. (2011 -02 -01)[2013 -01 -16]. https://www.patentvalueguide.com/2011/02/part - i - general - principles.html.

首先，专利资产具有潜在的运营价值，但是专利技术本身的复制和传播几乎不需要任何成本，也几乎不存在有效的屏障来限制其传播和扩散。

其次，专利资产的价值与其他资产的价值一样，可能会随着技术和市场的变化而随时产生波动。❶ 曾经的开创性技术，可以随时被新的技术所取代；而曾经的开创性技术所带来的专利产品，也可能很快就会被市场竞争者的全新产品（并不侵权）所取代，因为后者可能会在另一个完全不同的角度具有更加优越的特性。在这种情形中，仅就技术层面而言，似乎原本的专利技术并未产生任何变化，也并没有新的技术来将其取代。但是从市场竞争角度而言，这一专利权的潜在收益预期，已经发生了本质的改变。

专利本应是鼓励创新的，但是在过于强大的专利控制下，也可能会因创新不再合理而使狭窄的市场停滞不前，最终导致有效需求减少，消费者不再青睐过时且定价过高的产品，转而追求更具市场优势的全新产品。这就会导致专利的价值并未因技术本身而改变，但却随着市场焦点的转移而大幅度削弱了专利资产的价值。这方面最典型的案例，就是日本索尼公司的 MD 专利技术案例。

三、索尼 MD 专利技术案例❷❸

MiniDisc（迷你磁光盘），这是由日本索尼公司在 1992 年推出的全新音频存储格式，其采用 Atrac/Atrac 3 这两种编码格式（与 CD – DA 的压缩比分别是 1∶5 和 1∶10）来存储音乐等音频数据，所使用的存储盘片直径约为 6.4mm，而一张常规的 MD 磁盘能够存储大约 150MB 的音频数据。

在 20 世纪 80 年代，音乐播放市场的主流是可重复读写但音质较差的模拟音频技术（磁带，如可以由索尼的随身听 Walkman 播放），以及只读但音质上乘的 CD（如可以由索尼的随身听 Discman 播放）。随着 CD 技术的广泛商业化应用，CD 类产品取得了巨大的市场成功，并逐渐取代了模拟音频技术，这主要归因于 CD 音频的高品质以及其快捷方便地直接查找特定曲目的功能。

---

❶ Markus Reitzig. What determines patent value?: Insights from the semiconductor industry [J]. Research Policy, 2003 (1): 13 – 26.

❷ 中关村在线．探个究竟！MD 的前世今生[EB/OL].(2003 – 09 – 16). https://mp3.zol.com.cn/2003/0916/71014.shtml.

❸ 中关村在线．MD 发展简史[EB/OL].(2005 – 01 – 27). https://m.zol.com.cn/miparticle/147486.html.

因此，磁带类产品的产销量，在1988年达到顶峰的7600万部之后，于20世纪90年代初开始大幅下滑。在这一趋势确立之前，当时的索尼株式会社社长大贺典雄就已经计划要推出一种新的可重复读写类产品，以取代模拟音频的磁带类产品的市场地位。

1989年，索尼音频技术部鹤岛克明领导的研发小组，在当年的音响展会上展示了一种可以录音的CD原型产品，大贺典雄给予了充分的重视。其实在CD发明的20世纪80年代早期，索尼就着手开发一种可读写的碟片，这种碟片将具备与磁带一样的功能。于是索尼在1986年发明了可写入一次的光盘Write Once Disc（WO），并在2年后发明了可多次擦写的磁光碟Magneto Optical Disc（MO）。而大贺典雄在音响展会上所见的可擦写CD产品原型在1987年就被制造出来了。这种碟片使用了与MO一样的技术，一种索尼和日本国际电信电话株式会社（KDD）共同开发的技术。

这揭开了新介质研发的序幕。硬件的标准化，还需要软件和录音介质的标准化。但是飞利浦和索尼在CD研发上的搭档——磁带的缔造者，却有着取代磁带产品的打算。是否需要数字化的磁带介质，索尼和飞利浦进行了长时间的争论，但是却始终无法达成一致。这预示着两种不同的介质的竞争将要爆发。

鹤岛克明召集了当初开发CD的一些工程师，在MO技术的基础上开始了新介质的研发工作。他们要创造一种用于小型录音设备的碟片。最终，这种碟片的规格被定制为64毫米直径，可以录音74分钟，为一张CD面积的四分之一。通过和索尼信息情报中心的合作，自适应转换声学编码（Adaptive Transform Acoustic Coding，ATRAC）这种数字音频压缩技术诞生了。为了确保最终产品的便携性能，减少携带过程中因震动造成的跳曲，一种新的基于半导体介质的防震记忆技术也被同时开发出来。

1991年5月，所有的研发工作都完成了。一种新的音频规格MiniDisc（MD）宣告诞生。为了具备便携性，碟片封装在塑料的外壳中。MD结合了磁带的可录制性，CD的高音质、高速随机播放、快速查找等优点。索尼明确界定了CD和MD的差异，CD用于闲暇时的音乐欣赏，而MD则是随时随地享受音乐，与Walkman非常类似。

大贺典雄在日本和美国宣传MD技术，随身携带一部这种新型的个人音响系统的样机出席各种新闻发布会，并且宣布索尼已经召集了一批知名的硬件和软件厂商来支持MD标准，并且将在1992年年底前最终投放市场。为了让业界接受MD标准，大贺典雄领导索尼发起了MD论坛，开展各种展示活动，并且向有影响力的业界厂商发放相关技术的许可证。

将MD成功商品化，则要归功于索尼音乐事业本部。由曾经担任CD开发部部长的大曾根幸三担任专务，高筱静雄担任部长，承担起了在最终投放市场前完成MD系统研发的重任。1991年年底，向14个开发小组下达了开发一种使用6厘米碟片的小型录音设备的计划。所有的工程师都是小型化的专家，他们都经历过艰辛的Walkman和D-50（第一部CD随身听）的小型化开发。不幸的是，整个计划只留给他们一年的时间去开发新产品。制定这样的时间表是为了回应飞利浦在1992年11月发售的Digital Compact Cassette（DCC）。

MD音乐软件和录音介质正和硬件的开发一起紧锣密鼓地按照时间表进行着。那个时候，CD的加工是由日本、美国和欧洲三地共同完成，它们也为MD的生产做好了准备。日本Sony Music Entertainment（SME）计划发行500种MD唱片。而海外市场则由美国SME的主席迈克·舒尔霍夫（Michael Schulhof）去游说各大唱片公司。到1992年8月，日本国内开始了MD唱片的大规模生产，同年秋天，海外的生产也开始了。

1992年9月MD产品发表后，这种消费级的具备大容量存储的设备引发了极大的关注。到1992年11月，MD的全线产品在日本上市，同时欧美地区的销售也在积极地准备中。12月，欧美地区MD产品开始销售。初代MD又大又重，播放时间只有短短一个小时，但是其所具备的一些特点还是很快让人们接受了它。

1992年MD发售，数字音乐产品的销售潜力被极大地激发。1995年，MD硬件的年销量达到了1 000 000台，3年后的1998年，年销量则超过了5 000 000台。1993年，MD的音频、视频和文字记录标准制定；1994年，MD的图像标准制定。MD从此登上了历史舞台。

1997年为MD随身听历史上的分水岭。1996年12月，索尼和夏普相继完成了最近的MD芯片和编码的研发，一种新型的、成熟的MD数字内核完成了。之后，厂商们开始着重考虑外形、人性化设计和电池续航力等问题。MD机小型化也在1997年实现。“MD机小型化”是指将MD随身听机身的长宽都控制在10厘米以内。这一年中，夏普率先将可录和单放MD机都做到了小型化，而索尼只有在单放机成功实现，录放机种则在1998年才实现。自此以后，

MD 机小型化成为各厂商的目标。松下电器（Panasonic）的 MD 机 SJ - MJ88 的机身仅 11 毫米，在很长时间内成为 MD 机小型化的王者。

另外，1997 年前的 MD 机都只有不到 10 小时的播放时间。而 1998 年到 2000 年间，MD 芯片技术的提高促进了省电技术的发展。同时，“线控”也成了一大卖点。早期线控的设计比较简单，随着 MD 的发展，线控的人性化设计越来越被重视，线控对于消费者的影响也越来越大。液晶屏幕的显示内容也大大增加。

综合来看，无论从技术研发角度，还是从市场布局角度，索尼在 MD 这个赛道上都做足了功课。

首先，这一新的技术博采众长，既有磁带小巧便携的优点，又具有 CD 高品质且可直接播放曲目的优点。

其次，索尼在同类赛道内，通过布局行业标准、拓展音乐周边产品等举措，淘汰了与其竞争的飞利浦。

最后，通过不断地研发，推陈出新，利用技术的进步不断提升产品的优势，最终实质上垄断了整个音频播放市场。

但是，进入 21 世纪后，MP3 的出现和普及，打破了 MD 一枝独秀的局面，而硬盘 MP3 的出现更在存储容量上战胜了传统 MD。更具杀伤力的是，后来录音功能被配备到 MP3 当中，使 MP3 能够摆脱计算机，MD 相对来说就更显劣势了。索尼不愿放弃，于 2001 年推出 Net MD，MD 可通过 USB 端口从计算机直接下载 ATRAC 格式的文件，大大缩短了制作一张 MD 碟片的时间。2004 年，索尼推出 Hi - MD，增加 MD 碟片的最高容量至 1GB。

尽管索尼不遗余力地宣传 Hi - MD 的便利与高音质，但是在与 MP3 的竞争中仍不免落入下风；特别是随着互联网的发展、闪存容量加大且价格日趋便宜，MP3 逐渐占据了便携格式的主流。MP3 的技术与 MD 技术相比较为公开，各大公司如三星、飞利浦以及小公司均推出各自的 MP3 播放器。MP3 播放器的流行使得一直处于高价位的 MD 随身听的处境更加艰难。

2006 年，索尼发布最后一款 MD Walkman“MZ - RH1”。MZ - RH1 的产地不再是日本，而是马来西亚。鉴于索尼一般将高科技产品设置于日本本土生产，最后一款 MD 产地的变化间接说明了索尼对 MD 的态度。从此，MD 退出历史舞台。

索尼于 2011 年 9 月停止生产 MD Walkman，2012 年 9 月停止生产 Hi - MD

碟片。只剩下普通版本的MiniDisc继续销售，以满足依然在使用MD Walkman随身听产品的用户。

从技术创新和法律的角度来说，索尼在MD这一品类中几乎已经做到了极致，并且充分发挥了专利的技术独占属性，实质上形成了自己独占的行业标准，并通过有规划的产品研发以及推广计划，垄断了整个音频播放赛道。

但是，专利技术的无形资产属性则决定了其所带来的垄断地位也并不具备实质性的门槛和屏障。专利在技术层面的研发门槛，并不能等同于其在市场层面的竞争门槛。MD之所以在技术占优、品质占优，并且实质性垄断赛道的优势局面下，在市场层面被淘汰，主要在于其所处赛道面临互联网经济的全面挑战。在互联网时代，音乐传播的效率和便捷性成为核心竞争优势，而MD在技术和品质方面的优势，在互联网初期网速较慢的时代，反倒成了传播的阻碍。而MP3这种压缩率更高的音频格式，虽然在技术和品质上都不占优，但是其传播效率却可以弥补其他所有劣势。

索尼在音频播放领域的垄断地位，也导致了其相关产品的设计和更新换代方面无法紧跟时代潮流。而MP3播放类产品，由于专利的限制较弱，因而各种产品不断推陈出新，形成了百花齐放的格局。这就导致了市场竞争的两极分化，索尼的MD产品虽然设计精美，但是结构复杂，价格居高不下，并且还需要额外支付磁盘的费用，音频来源也相对较少。而MP3类产品则设计简单，物美价廉，音频来源极其广泛。

正如上文所述，专利本应是鼓励创新的，但是在过于强大的专利控制下，也可能会因创新不再合理而使狭窄的市场停滞不前，最终导致有效需求减少。

四、提升专利无形资产价值的举措

专利这种无形资产的价值，可以通过以下三种主要方式来具体展现。

第一，在市场化的产品与服务的竞争中，专利技术方案可以为实施主体带来更高的附加值和利润水平。第二，在涉及专利技术的转让、许可或者以专利作价入股等具体的运营操作中，得到投资方或者买方的认可，从而获得更高的转让与许可费用，或者折算成更高比例的股权。第三，在涉及专利技术的侵权诉讼中，获得更高的经济赔偿，甚至限制竞争对手的发展趋势。

与之相对应的，要想提高专利这种无形资产的价值，则应当从研发开始进行规划，以专利申请和布局为抓手，通过深层次的资产运营思路来操作整个专利资产组合（Patent Portfolio）。主要思路体现在以下几方面。

第一，为了产生高价值和高质量的专利，首先专利本身所保护的研发成果就需要具有较高的技术水准，因此相关的技术研发行为需要针对技术路线和产业化进程中所面对的核心技术与关键节点，并且要将研发力量与资源聚焦这些技术与节点进行集中攻关。其中，尤其需要关注的是有效利用技术发展预测和技术机会预测等专业分析手段，来实时指导和挑战研发的方向布局以及部署相应的专利布局，从而达到技术研发与专利布局相互匹配，并且保持整体战略的正确方向。

第二，专利申请文件的相关内容撰写，也是提升专利质量的重要环节。因为专利语言与技术语言通常有着较大的差异性，很多专利的措辞、内容取舍、结构布局等重要信息，都会在后续的确权、维权与运营过程中发挥举足轻重的作用，因而专利申请文件的撰写者需要有丰富的实践经验，这类实践经验不仅局限于专利文书撰写和审查文件答复，还应当兼顾专利无效、专利诉讼、专利许可转让乃至专利金融等相关经验，并且还需要通过适当的代理监督体系和追责体系等制度建设，来引导专利撰写质量的提升。

第三，需要有针对性地构建适应市场需求的专利权价值评估体系和方法，其中重点是要改进现有分析方式脱离技术和市场进行评估的局限性，特别是可以尝试结合大数据和市场竞争格局的动态分析新模式，有针对性地开发适合不同产业和技术领域的分析体系。

第四，通过特定技术领域的专利组合以及构建专利池的方式，形成规模优势，提升资产的积聚效应，也会相应抬高竞争对手的应对成本，可以直接或间接地达到提升专利质量和价值的目的。还可以将专利相关的技术形成行业内的标准，或者与标准化的技术路线进行融合与绑定，从标准和市场层面来拓展专利技术的使用范围与场景。

第五，完善知识产权全过程管理体系，也同样有助于提升专利资产的整体价值，其中需要从技术研发的立项、方向选择开始，覆盖技术成果的产出、技术成果的专利撰写、专利质量和稳定性的有效管理、专利权的运用实施等整个过程。其中需要重点关注的是企事业单位的整体创新能力评价，重点的参考指标包括：发明专利申请的占比、整体授权率、专利被引用率、权利要求项数、已授权专利的维持率和维持时长以及专利技术实施率等。人才评价和职称晋升政策重点转向发明专利数、专利稳定性、专利被引用率、专利实施等指标。[1]

第四节　专利的价值运营属性

从词源上来说，“专利”（Patent）这一词汇源自拉丁文 *patere*，意思是“公开”（即开放供公众查阅）。[2] 所以，专利制度的本质就是“以公开换取保护”，其核心目的就是以有限的独占垄断权来鼓励创新的公开，从而实现促进整体创新的正反馈循环。因为发明人通过公开自己的技术创新成果，可以获得一定期限的专有权，也就有更高的概率在市场竞争环境下获得超额的经济回报。[3]

专利的公开，是获得专有权的强制性前提要求。与之相对应的，则是不进行公开披露的商业秘密。这是有别于专利的另一种形式的知识产权，可以通过保密来获得无特定限期的独占期，但同时就要面临技术创新被他人破解的潜在风险。

由此可见，专利制度与商业秘密的核心差异，就在于其是否公开，以及由此而衍生出来的是否能够在整体上促进创新。而两者之间也存在着共同点，即其直接目的都是以独占来获取超额经济回报，从而实现价值的最大化。这也正是实施知识产权（专利）运营的理论基础。

一、专利价值运营属性的经济学基础

随着新技术革命对生产方式的深刻影响，知识产权制度在经济活动的重要性日益凸显。知识已被现代经济理论列为重要的生产要素。美国经济学家罗默和卢卡斯提出了新经济增长理论。罗默认为经济增长的原动力是知识积累，并在技术进步内生增长模型中将其视为经济增长的内生独立因素。尤其是自

---

[1] 宋河发．培育高价值专利 推动高质量发展［EB/OL］．(2017－12－29)．http：//www. cnipr. com/xy/zjzk/zjhw/201712/120171229_223982. html.

[2] M. Frumkin. The origin of patents ［J］．Journal of the Patent Office Society，1945，3（3）：143.

[3] 李可．从美国立国说专利初衷 以公开换保护［EB/OL］．(2021－02－25)．https：//zhuanlan. zhihu. com/p/352782201.

20 世纪 80 年代以来，知识与经济之间的互动越来越密切，全球经济随之从根本上发生了变化。世界经济增长对于知识生产、扩散和应用的依赖程度达到了前所未有的程度。相较于物质、资本等传统生产要素，知识在现代经济增长中的功效更加卓越。专利是知识经济的重要资源和主要资产。在知识经济时代，人们对知识的拥有权和知识自身的特征主要是通过专利权等知识产权来实现的。在以知识和信息为基础、竞争与合作并存的全球化市场经济中，知识产权已成为经济增长的原动力和经济发展的新方式。❶

根据运营相关的经济学理论，通常认为资产运营的价值最大化是其核心目标，也只有通过运营才能推动各类技术成果的价值实现。而所谓的“运营”这一概念，可以理解为运营与经营的相互融合，也就是有效运用各类生产要素，并且对各类要素进行市场竞争层面的有效配置，通过这样的运用和经营活动，来实现要素价值的最大提升。

因此，运营活动涉及两个层面的内涵：首先，在经营层面而言，运营可以理解为基于市场竞争环境来对社会资源（如专利资产）进行有效配置的一类经济活动，其可以通过这类活动，来优化相关资源的市场化配置结构；其次，从运用层面来说，运营活动能够具有可行性的前提是运营对象本身具有相应的技术价值和市场优势，从而可以通过运营活动的合理运作，解决相应的技术问题，达到内在价值的实现，继而推动资产的增值和效益的增长。

基于上述两个层面的内涵，对于以技术创新为基础的专利权的运用和经营活动，也就自然而然地体现出专利权的经济属性。换言之，专利权这种无形的技术资产具有了经济层面的运营价值，故而就可以通过运营活动来实现价值的提升。将专利权纳入上述的运营经济理论中，所谓的“专利运营”，也就可以理解为通过特定的商业模式和经营手段，来对专利权所限定的技术方案进行合理的市场化配置，从而提升专利权这种无形资产的经济价值。

这一理解，实质上涵盖了上述的专利运营的底层逻辑。

首先，专利运营活动的实施对象（客体）是“专利权”本身，却并非涉及专利权所保护的产品或方法，但是专利权所保护的产品或方法却是专利运营过程中必不可少的要素，也是运营活动在特定阶段（如生产环节）的具体表现形式。

---

❶ 李昶．中国专利运营体系构建［M］．北京：知识产权出版社，2018．

其次，专利运营活动所追求的核心目标是将专利权的价值最大化。这里着重强调的是提升专利权的价值，其并不能等同理解为将专利权所保护的技术水准最大化。此处需要区分的是，在运营层面最具有价值的专利权（技术方案），很多时候并不是在科技层面最先进或者最前沿的技术选择。优越的运营价值很多时候还需要考虑市场的竞争格局、产品更新换代的节奏以及市场环境对技术路线的选择偏好等非技术因素。第三节的索尼 MD 案例就是这方面最典型的例证。

由此可以推论出，专利运营这类活动，首先涉及比较长的传动链条，这一链条起始于专利权的形成（研发资源的导入），继而涉及专利无形资产的整合与提升（专利布局、专利组合等），接下来才是专利权的价值实现（专利技术的运用、专利权的转移、专利权收益的获取等）。这与通常意义上所理解的狭义的专利权流转式运营（许可、转让、诉讼等）有着理念上的差异。

长传动链条的专利运营，实质上是在战略层面所实施的专利运营举措，在理念上属于纲领性的长周期管理；而狭义的流转是运营概念，仅仅是价值实现阶段的一些具体的策略选择。[1]

二、专利价值运营模式

根据不同区域、不同产业和不同技术领域等本身的特点，无论是长周期的战略性运营选择，还是短周期的策略性运营方案，都会具有不同的优选运营模式，而并不能简单将其限定为转让、许可和诉讼等常见模式。在实践层面并不存在某种适合所有情境的通用型运营模式，基于专利的不同属性、专利运营的不同实施主体以及专利运营的差异化市场环境，都将有着明确且独特的策略选择。

关于实施主体和差异化市场环境方面的运营选择，将在本书第五章第二节通过具体的案例进行详细讲解。接下来，我们首先聚焦基于专利的不同属性所引起的专利运营内涵与外延的差异化理解。

---

[1] 刘淑华，韩秀成，谢小勇．专利运营基本问题探析［J］．知识产权，2017（1）：93－98.

第五节　专利运营的内涵与外延

如前文所述，“专利运营”这一创新概念，实际上是在我国的专利管理发展过程中所推出的一种实践理念。早在 2011 年，国家知识产权局发布的《全国专利事业发展战略（2011—2020 年）》中，就曾经提到过“专利运营”这一术语，随后在相关的具体实施规划中也多次提到了这一术语。但是，在此阶段，无论是学术领域还是实践领域，对于专利运营的内涵与外延都没有明确的界定和公认的理解。[1]

目前，在学术界和实践领域，对于专利运营的界定，也是有着多种多样并不统一的观点。刘淑华[2]等学者认为，专利权运营的本质是将专利权资本化，也就是通过特定的经营手段或商业策略将专利权进行优化的市场配置，从而实现并持续提升专利权的内在价值。张冬[3]等学者则认为，专利运营是对专利权实施和运用的一种动态化的商业行为，是专利权的运营主体依照法律法规的限定范围，利用其所拥有的专利权来创造相应的市场价值，并实现其专利权资产的保值和增值。

以上定义都是从战略层面体现出专利运营活动的核心目标，也就是专利权的价值最大化，对于策略层面的具体运营选择，并没有进行明确的陈述。孙迪[4]等学者则注意到了专利权的多重属性基础，在他们的定义中，专利运营活动是对体现专利权范围的法律资源和体现专利权内容的技术资源两者的综合性市场化运用，其中的具体运营策略，则可以涵盖技术交易、商业谈判及法律诉讼等具体路径，从而使得专利权的运营主体能够在特定的技术领域及市场环境下获得经营收益和/或获取市场层面的竞争优势。此外，有些学者也将专利运营过程中的一些独特环节纳入专利运营的范畴，如专利权的价值评估、专利技

[1] 马碧玉．专利权运营活动解构及其必备要素分析［J］．中国科学院院刊，2018，33（3）：234－241.

[2] 刘淑华，韩秀成，谢小勇．专利运营基本问题探析［J］．知识产权，2017（1）：93－98.

[3] 张冬，李鸿霞．我国专利运营风险认定的基本要素［J］．知识产权，2017（1）：6.

[4] 孙迪，崔静，思王康．专利运营的“前世今生”［N］．中国知识产权报，2016－11－23.

术交易的中介和经纪等。[1]

综合而言，现有的研究和实践普遍聚焦专利权价值实现这一核心目标，虽然并未违背专利运营的底层逻辑，但却往往忽略了从专利权相关技术创新的产生到具体转化实施的前序流程。

专利运营现有的常见内涵与外延，更多的是聚焦专利权的无形资产属性，在某些定义中也纳入了专利权中所涉及的法律和技术资源，但总体而言，却并未体系化地梳理出专利权多种不同的基础属性背后所蕴含的递进式的专利运营内涵与外延。

若想完整且全面地梳理出专利运营的战略性和策略性选择，那么就不应当忽略专利技术成果的产出、实施运用及产业化过程。也只有将专利权的产生基础（技术创新属性）纳入专利运营的范畴进行整体解析，专利权的无形资产属性才有讨论和分析的坚实基础。例如，在技术路线层面只有具有不可替代性的专利技术，才有更广阔和长远的运营前景，而众多技术路线中的某一特定选择，即使在技术角度属于突破性进展，但其运营价值却并不具有很高的确定性，那么不确定性所蕴含的高风险，就会大大削弱其自身的无形资产属性。

而在技术创新属性基础上的无形资产属性，又是后续具体运营活动的经济基础。如果单纯从技术角度来理解，能够解决技术问题的技术方案就具有价值。但是从无形资产层面来说，能够在市场竞争环境下带来正向现金流又或者实现竞争优势的技术方案，才真正具有运营价值属性。能够产生持续现金流的专利技术，才更适合用来进行资本化运作，如质押和资产证券化等；而暂未实现正向现金流的专利权，在质押和证券化的过程中，通常都需要绑定许多额外的增信措施才能真正用于资本运作。

因此，界定专利运营的内涵与外延，就必须要完整地对专利运营的客体——专利权的多种属性进行综合分析，从不同属性对专利运营的影响出发，才能深刻认识到实践层面多重属性相互影响的递进式的专利权运营特点，并继而做出战略和策略层面最优化的运营模式选择。

---

[1] 李黎明，刘海波．知识产权运营关键要素分析——基于案例分析视角［J］．科技进步与对策，2014，31（10）：123－130．

一、基于技术创新属性的专利运营

专利的技术创新属性，是后续一切潜在运营活动的基础。

首先，技术创新本身能够形成具有新颖性、创造性和实用性的技术方案，来解决特定的技术问题。不管是出于实施运用的目的，还是为了获取专利资产的收益，都是必要的前提条件。

其次，技术和创新本身虽然由于其无形性而并不具备直接的内在价值，但是其所蕴含的技术进步及技术门槛，却是后续专利资产价值实现过程中最具有实质的保障。

再次，专利运营的实施对象（客体）是专利权，而技术创新的有效性是获得专利权的必备要素。

最后，专利运营理念的朴素理解是以价值实现为目的的对于专利（专利权）的运用行为，而技术创新在市场层面的受认可程度，则决定了专利运营这一行为是否具有可行性。

从前提条件到实施保障，到必备要素，再到可行性基础，这都决定了无论从哪种角度来理解专利运营，都不能忽略最为基础的技术创新属性。

在科技与社会经济不断进步的发展进程中，以保护技术创新为基础的专利制度，始终是推动科技进步和产业发展的主导力量。

从专利权的技术创新属性及确权过程中所涉及的法律要素来看，专利权本身就是通过法律手段限定某种技术创新成果的使用范围，允许技术的拥有者在一定的时间和一定的区域内独占该技术的使用权。同一区域内的其他竞争者，若想使用该技术，则需要获得技术拥有者的许可授权，并且支付一定的使用费用。这一制度的直接目的是通过形成一定期限和范围内的独占权，来奖励技术创新者，使之形成竞争优势；间接和最终目的却是鼓励技术创新的公开与扩散，使得不同的技术创新者之间能够形成良性的竞争合作关系，最终提升社会整体的创新效率。

从专利的技术创新属性出发，会面临一个看似矛盾的问题：运营的核心目的是将专利权的价值最大化，这就要求专利权的拥有者尽可能提高他人使用该项专利技术的代价，并且尽可能延长独占的期限，尽可能扩大独占的区域；但是专利制度本身，却又是为了鼓励技术创新成果的扩散。那么专利运营到底是在鼓励技术扩散还是在限制技术扩散呢？

来看一个关于绿色技术创新推动技术扩散的相关案例。

案例：绿色技术创新推动商业模式创新及技术扩散[1]

近年来，欧美发达国家均把绿色创新作为重要的国家战略，加大绿色创新投入，力图保持其在绿色技术领域的领先地位。绿色创新也是我国应对资源环境危机、实现经济绿色增长的必然要求。

尽管绿色创新意义重大，但面临着众多障碍。其中，绿色创新技术、产品的市场扩散和商业化是其面临的主要障碍之一。在绿色创新技术、产品的市场扩散和商业化过程中，往往面临缺乏市场吸引力、难以适应既有的商业规则、难以挑战传统技术长期以来形成的优势市场地位等方面的挑战。

简言之，绿色创新技术在市场角度而言，很多时候都会由于成本的原因而并不必然形成竞争优势，因而其无形资产属性和价值运营属性也就失去了基础的推动力。

因此，在绿色技术的推广过程中，通常都会伴随着政策引导下的环境规制，来推动商业模式的创新和市场格局的重塑，从而建立与新竞争格局匹配度更高的全新商业模式，使得绿色技术能够在新的场景中体现出竞争优势。这样，就会吸引更多的技术创新者加入，并在现有绿色技术专利公开的基础之上，逐步引入更多的技术创新。

例如，节能减排、清洁生产、污染治理技术的市场化，可以借鉴合同能源管理方面的经验，采用基于技术服务型商业模式。拥有相关专业技术的企业可以通过合约的方式为客户提供节材、节能、节水、供应链管理、污染治理、有毒有害物质的管理等方面的服务而获取报酬。启动资金相对较少和优越的融资模式是其竞争优势，且自由化的盈利模式也为企业带来更多绿色创新的动力。目前，我国合同能源管理项目以工业节能构成为主，面向区域的综合性节能服务具有很大的市场潜力，但尚未被开发。应鼓励基于整体解决方案的区域性节能减排商业模式的发展，由节能减排服务公司提供区域节能减排整体性解决方案和服务，政府根据节能减排成效支付服务费用。在污染治理方面，相对于传

[1] 张静进，黄宝荣，王毅，等. 绿色技术扩散的典型商业模式、案例及启示［J］. 工业技术经济，2015，34（2）：9.

统治理模式，第三方治理具有项目融资、治理技术和管理的专业化、易于监管等优势，能够解决长期制约我国企业污染治理面临的资金短缺、技术水平低、监管不力等问题，具有极大的发展潜力。目前，需要进一步建立和完善相应管理体制和金融财税政策，为环境污染第三方治理模式的发展营造良好的市场环境。

更多关于绿色技术的具体商业模式创新，可参见本书第六章第四节的案例分析部分。

二、基于无形资产属性的专利运营

专利运营的本质是基于专利权的价值最大化操作，也就是对专利这种资产施行专业化的管理和资本运作等经济活动。因此，很多情况下都倾向于将专利的此种属性界定为资产属性或者经济属性。

而由于专利资产的基础内容是在技术层面对知识和经验的总结，因而其属于具有特定属性的无形资产。这也就导致了专利资产在运营过程中会展现出一些独特的特性，这些特性也会从多个方面给专利权带来较大的不确定性，从而影响专利运营的模式选择并决定专利运营的效率。

（一）形式和范围的不确定性

专利所保护的对象通常是一种技术方案，而专利权的客体则是针对这种技术方案的垄断性权益，这与物权的客体有着很大的不同。物权的客体通常都有着具体的形式和范围，我们能够清楚地了解和感知其存在，并明确掌控其扩散或转移的范围。但专利权所涉及的权益却是完全无形的。

首先，专利所保护的技术方案本身就不具备确定的形式和范围。虽然专利文书可以限定具体的技术特征，但是对于这些技术特征的理解和解释却始终存在主观性。同时，随着专利的审查、无效、诉讼等程序的推进，专利的保护范围依然会发生很大的变化。这也是本章第一节特别强调专利运营应当涵盖专利质量管理的原因，因为技术创新在研发阶段可以有多样化的描述和评价，但是在专利层面，其唯一的表现形式就是专利文书的撰写质量。无论多么成熟和精妙的运营战略及策略选择，都不能够脱离专利的技术创新（质量）基础而发挥作用。

其次，专利所保护的技术方案很多时候受到其他相关背景技术的影响，一旦背景技术的范围、状态和形式发生了变化，专利所保护的技术方案及其有效性也可能会发生巨大的变化。最常见的实例，就是新的现有技术的出现导致专利不具备新颖性或者创造性，从而直接丧失垄断性权益的技术基础。

这在其他类型的资产或者经济活动中并不常见。所以，在技术创新属性的基础之上，专利运营递进至第二个层面所面对的，应当正是专利的无形资产属性。

（二）所有权和扩散程度的不确定性

专利所保护的对象，本质上是人类脑海里的知识和经验的总结。虽然从法律上可以明确其所有权的归属，但是在形式上专利一旦公开，则任何人都可以将其纳入自身的知识和经验的储备中去，并在后续的研发与经济活动中，有意或无意、直接或间接地运用这种知识和经验。

也就是说，专利技术由于其无形资产属性，在传播和扩散方面都不会受时间和空间的限制，也几乎没有任何传播成本。这也就导致了专利权通常都具有明确的归属，但是专利技术却无法界定其实际扩散与传播的状态。

在专利运营层面，依照法律规定，对专利权的使用是需要获得专利权人客观许可的，但是对于专利技术的使用程度以及是否需要获得许可，则很多时候取决于研发人员的主观意愿。客观的许可容易界定，但主观的意愿却难以明晰。

换言之，专利权因其无形资产属性可以被任意数量的不同主体所共同“占据”，而任何一个主体对其的“占据”，依然不会影响接下来其他主体对其的继续使用。[1]

从运营层面来理解，那就是专利技术可以不受限制地进行无限扩散，而专利权本身也同样可以转移或者许可给若干个不同的行为主体。专利这种无形资产的极佳流动性，也就导致了专利运营策略选择存在极大的不确定性。

就实践层面而言，例如在医药产业中，专利通常具有很高的价值，专利权

[1] 吴汉东. 知识产权法［M］. 北京：中国政法大学出版社，1998.

也在医药研发和市场推广中发挥着决定性的作用。但是，在有些国家和地区（如印度），并不承认医药的专利权，这也就导致医药技术可以在这些区域内随意传播和共享。这种情况继而又会在经济层面导致区域间药品价格的巨大差异，从而引发某些跨境购买药品使用的法律问题。

再比如，从法律意义上来说，专利权是有国界的，但专利技术却是不受地域限制的。那么专利这种无形资产的价值，就要取决于其在不同国家或地区是否有相应的有效专利权。因此，在实践操作层面来说，专利运营也应当涵盖专利布局的管理。

简言之，在专利运营的策略选择中，要随时面对专利权的无形资产属性所引发的各类技术、法律和经济层面的复杂问题，也是专利运营过程中最重要的风险来源。

（三）专利价值的不确定性

首先，专利权在任何国家或地区都具有一定的时间期限。换句话说，专利权的运营价值，会随着时间的推移而逐渐减退。

其次，专利权的价值随时都会受到领域内技术创新进展以及市场上竞争格局变化等外部因素的影响。在运营层面所理解的专利时效性，往往并不能简单等同于该专利的法定有效期限。而更应当回归专利的技术创新属性，从技术创新的角度来判别专利技术的预期“有效”期限。在专利运营层面来说，目前常规的专利价值评估方法虽然都考虑到了专利的时效性，但是却都不能准确地反映专利价值的动态变化特性。随时可能出现的新技术选择以及时时都在变化的市场竞争格局，都会极大地改变专利权的价值。

在市场竞争格局变化方面，有许多相关的实例。即使在技术角度和法律角度某项专利均处于有效状态，并且技术的先进性也并未发生本质变化，但是市场格局的变化依然有可能影响该专利的运营潜力。具体情况，可参见本章第三节索尼 MD 音乐播放器的案例。

（四）专利权的不稳定性

虽然从法律层面来说，专利权赋予了其拥有者在特定的时间和区域内独占专利技术的权利，从而形成竞争优势。但是，市场的其他竞争者却依然可以采取多种法律和经济手段来改变这种竞争格局，这些手段也会干扰专利权的稳定性。

在实践层面，被诉侵权的竞争者，通常都会对相关的专利进行无效或者诉讼，以破坏专利权人对技术的独占垄断；而市场的参与者，很多也都会在产品推向市场前评估其侵权的风险，并相应地进行规避设计，从而达到绕过专利权限制的目的。而由于专利权的无形资产属性，很多情况下主观上的侵权行为却很难在客观上进行举证。

以上的各种操作均具有很高的专业性和不可预知性，这也就导致了专利权的维护和侵权行为的判定都具有一定程度上的技术难度。

三、基于价值运营属性的专利运营

专利在技术创新属性基础之上递进而至的无形资产属性，会从多种角度带来极大的不确定性。因此，再度递进至专利的价值运营属性，从专利运营的战略和策略选择角度来说，也同样会产生一些独特的问题。

专利运营是对各类不同的要素进行管理、经营和运作的市场化活动，其核心目的依然是实现专利价值的最大化，也即追求经济效益。

从前文所述的专利的技术创新属性和无形资产属性来看，专利的潜在运营价值会受到很多因素的影响，这也就导致了专利的价值运营属性，并不能简单地基于产生专利时所投入的资源来进行评估和判断，而是要综合考虑多种因素。其中，多样化的专利运营主体、可供选择的专利运营客体、专利运营价值的实现路径以及专利运营内外部支撑条件，都可以直接和间接地影响专利的价值运营属性。[1]

（一）专利运营主体的多样性

专利权在不同的运营主体手中，其价值会有着巨大的差异。这也正是在实践层面专利权转让和专利权质押过程中，所要面对的一个核心问题。

[1] 刘淑华，韩秀成，谢小勇．专利运营基本问题探析［J］．知识产权，2017（1）：93－98．

专利是通过公开技术方案来换取对技术使用权的独占性保护。专利的公开，虽然形式上是客观的文字和图形展现，但在实际公开内容的选择上却是非常主观的。也就是说，发明人可以根据实际需求来主观地选择自己所要公开的内容范围，而同时也必然或多或少地会留有一定的余地，在专利公开内容之外保留一部分自己独享的技术秘密。

此外，对于技术方案的理解，以及对于多种关联技术的融会贯通，专利的发明人天然就具有技术优势。因此，单纯从技术创新属性来说，专利权在发明人手中通常才具有最高的技术效用潜力。但是，发明人作为技术人员，通常却并不具备法律和市场背景，那么从专利权的无形资产属性和价值运营属性来说，发明人也就不再拥有优势，甚至很多时候还处于完全的劣势地位。

因此，在对运营策略进行选择时，就需要综合考虑专利的技术创新、无形资产和价值运营属性。在实践层面，市场上常见的专利运营主体或者机构有三种类型。

第一类是专利权所有者进行自主运营。此类专利权所有者可以是专利技术的发明人，那么他不仅拥有专利权，并且还亲自参与专利的研发以及相关产品的设计、制造和销售等经营行为，实践中比较常见的案例有苹果、三星和华为等。这类企业在拥有专利权的同时，还参与相关技术研发及产品经营。当然，专利权所有者也可能并不是专利的发明人，而仅仅是通过收购获得了专利权的运营主体，虽然在初期的技术创新阶段其并未参与，但是在后续的价值运营阶段却可能拥有更优越的比较优势，实践中这类情况比较常见于医药产业，例如辉瑞、诺华和罗氏等大型企业。这类企业通过收购获取创新医药技术的专利权，随后开展价值运营获得优势。

第二类是并不以实施为目的的运营主体。这类主体有个统一的称呼，叫作非专利实施主体（NPE）。相对于进行自主经营的专利权所有者，这一类运营主体通常会采用更加直接的利益获取模式，其很多时候会绕过专利技术的产品化的阶段，通过专利权的交易、许可以及诉讼等方式直接获取经济收益。实践中比较常见的各类专利运营企业，都可以归到这一类，如美国的高智公司。

第三类是专利运营过程中的各种专业化的服务、中介和经纪类主体。虽然从业务模式上来说，这一类主体并不直接通过专利的运营活动来获取收益，而是通过提供专业化的代理、诉讼、咨询、信息和数据分析、价值评估及财务顾问等方式来获取服务费用。但是，它们所提供的专业服务，又确实属于针对专利权进行价值提升的操作，对于专利权的价值运营属性有着明确的提升作用，因此，也完全符合专利运营的底层逻辑和经营理念，严格来说应当归类为市场化的专利运营参与主体。在实践层面，这一类的主体常见的有专利代理和咨询服务机构，如七星天、盛知华等，其具体案例参见本书第五章第二节。

（二）专利运营客体的选择

如前文所述，专利运营的客体或者对象是专利权，专利权的有效性、稳定性及作为无形资产的潜在价值，会受到多种因素的干扰和影响。那么在对专利运营对象进行选择时，就需要对这些干扰因素进行综合分析。

而无论是上述三类运营主体的哪一类，其在选择运营对象时，通常也并不会仅仅局限于某一项专利。实际上在很多情况下，专利运营的对象都应当是专利的组合，这也是开展后续市场化运营的基础，是实现专利价值最大化的必要选择。

（三）专利运营的价值实现路径

专利权的交易、专利权的许可及侵权诉讼等方式，都是专利运营中最常见的获利模式，但是在专利运营价值的实现路径层面，这些常见模式却只能归类为短链条的具体实施方式，而并非长链条的价值实现路径。

虽然说专利运营活动的核心目的都是为了实现专利价值的最大化，但是价值的最大化却有着多样化的路径选择。

最直接的路径选择，对应着专利权所有者作为发明人和运营主体自主运营的过程，从研发、专利布局到产品化和市场竞争亲力亲为的路径选择。这种路径选择，其实可以归结为专利的产品化实施运用。在很多关于专利运营的定义和研究中，都将这种产品化的实施运用排除在专利运营的概念之外。但实际上，它完全符合以专利权为对象，实现专利价值最大化这一底层逻辑及运营理念。而在实践层面，这通常也是价值提升效率最高的运营路径选择。

相对并非直接的路径选择，就是以专利权为基础的资产运营路径，这也对应着在各类研究讨论中比较常见的专利运营定义，可以包含专利权的交易和转让、专利权的许可、专利侵权诉讼、专利权质押、专利资产的证券化等。虽然从经济效益的获取方式来看，这一路径才是最直接的选择，但是其在专利价值最大化这个核心目标上，通常却并非最有效率的选择。简言之，这一路径选择，是以快速的价值实现为目标，却未必能实现价值的最大化。当然，对于不同的运营主体，这一路径也许是更加适合的选择，关键就在于是否能够有效发挥运营主体的比较优势。例如，发明人可以在产品化实施运用路径中具有自身的比较优势，而市场化的专业运营机构却可以在资产运营路径中形成规模化优势。

更加间接的路径选择是竞争格局路径。这在行业内的龙头企业中比较常见，其进行专利布局的目的，有些是为了进行产品化，但大多数是用来限制竞争对手的业务拓展，从而维持自身较高的市场占有率。这类企业，即使其专利本身具有很高的交易价值和许可价值，但也从不进行转让和许可，自身也仅对部分专利进行产品化推广，但却维持着数量众多的竞争性专利，专门用于形成行业内有利于自身的竞争格局。这一类的实例，如美国通用电气和强生公司等，其在很多高端医疗器械类产品中，布局了数量很多的专利，但却极少进行转让或者许可，即使在面对侵权行为时，也更多的是采取竞争性诉讼或协商，而并不以直接获取高额侵权赔偿金为直接目的。

（四）专利运营所需的内外部支撑条件

专利运营是将专利权价值最大化的经济活动，其中会涉及繁杂的多种干扰因素。如前文所述，专利的技术创新属性是专利运营的技术基础；递进至专利的无形资产属性，则会带来非常多的不确定性，从而增加运营风险；再递进至专利的价值运营属性，又会涉及复杂的运营主体选择、运营客体选择及运营路径选择。

由此可见，专利运营的全过程将是一个非常复杂的系统性工程，因而也就需要在内部和外部，获得各种必要的支撑条件。就内部而言，影响专利运营潜力的主要是专利权这一客体的各种内在属性，也即专利权的技术创新质量、专利组合的整体布局及专利资产组合的运营潜力等。而对于外部支撑条件，则涉及专业化的各类服务机构、能够掌握多种专业背景知识的专业化人才及有针对性的高端服务体系（如数据分析和市场分析等）。

当然，专利运营的潜力也离不开政策导向和市场环境的影响，这也是推动专利运营健康发展的重要条件。

第二章　专利运营的发展历程与主要类型

要理解知识产权运营的发展历程，首先要探讨的是知识产权在全球商业环境的不同发展阶段中所处的位置。有了清晰的定位，才能够有的放矢地对知识产权运营及其主要类别进行有效的梳理和界定。

近年来知识产权逐渐成为国际贸易竞争中的高频次热点话题，除了我国政策引导方面的内部因素之外，此类现象还有着国际贸易竞争的焦点也在逐渐演变这一外部成因：而外部成因和内部因素都可以归结为一个核心结论：基于知识产权的竞争将要（甚至是已经）成为国际贸易相互角力的重要竞争形式。

在全球商业环境的不同发展阶段，国际贸易竞争的核心要素是在不断地进行演变的。

在改革开放初期，我国内部社会生产的能力远远落后于人民群众的需求，因此我国参与国际贸易竞争的核心焦点在于，如何界定自己在全球贸易体系中的定位，从而以低附加值高人力成本的出口产品来换取更多国外的高附加值进口产品。因而在这一阶段，知识产权并非国际贸易中的关键因素。

伴随着我国科技水平的进步以及基础设施建设的提升，我国能够自主生产的产品越来越多，消费者开始有了更加多样化的产品选择。这时候，国际贸易竞争的核心转变为产品质量的竞争。这期间的商业环境中出现了知识产权因素——品牌（也即商标），国外的厂商通过广告与营销手段的组合，在消费者心目中建立起高档品牌等同于高端品质的理念，使得消费者可以通过品牌来快速识别更加优质的进口产品。品牌的营销往往会有巨大的社会认知度，从而给该品牌的产品带来超额的利润。如早期的日本电器品牌及美国的快消品品牌，都采用了这一种竞争模式。并且期间还伴随着对国内原有品牌的吞并。虽然具备了知识产权运营的雏形，但是这一阶段的竞争核心要素却并非知识产权，而是技术水平和生产工艺。

随着贸易的全球化逐步演变为技术的全球化，在现在的全球贸易格局中，贸易对象已经不仅局限于特定的产品或者品类，而是逐步扩展至多样化的高附加值技术与服务品类。“智力劳动的成果”在国际贸易中所占据的份额越来越高。由于“智力劳动的成果”通常具有可复制性，而且“智力劳动”本身的传播和复制在信息化的时代几乎没有物理的限制，可以瞬间遍及世界的各个角落。这与传统工业产品的运输和传播受到物理限制有着极大的不同。因此，以技术和模式创新为导向的新贸易业态，将极大地依赖于通过法律手段对“智力劳动的成果”进行界定和保障。因此，知识产权这种通过法律界定的产权，也就必然在未来商业竞争中占据越来越重要的作用。

此外，在跨国商业竞争中，由于不同国家劳动力和原材料等均存在着巨大的价格差异，因此不同国家间普遍存在着贸易壁垒，对各自的产业发展进行有效保障。与创新关联更加紧密的知识产权壁垒，则日渐成为发达国家设置贸易壁垒的主要选择。在研发、设计、生产、营销、物流和品牌六大贸易环节中，发达国家牢牢占据了研发和设计环节，而这两个环节的产出以智力成果为主要内容。这就决定了发达国家是技术贸易的主要供应商，其必然建立强有力的知识产权保护体系。在这个技术领先的发达国家主导下建立的商业竞争环境中，知识产权（尤其是专利）资产组合的价值最大化，成为核心的发展目标。

这也正是在我国自身发展过程中主动提出的知识产权运营这一概念的核心理念。

第一节　全球专利运营的发展历程简述

如本书第一章中所述，在全球语境下，虽然并没有通行的专利运营（Patent Operation）概念，但是无论是学术领域还是实践领域，将专利作为资产组合（Portfolio）进行运作（Management）的理念却是一以贯之的，其中的核心目标也是统一的，那就是将标的资产的预期收益最大化。

在技术不断进步和产业不断演变的过程中，对专利资产进行运营的方式和手段也是逐步发展并与时俱进的。如何对知识产权类的资产进行有效利用，从而实现该资产组合的价值最大化，是专利运营所要解决的核心问题。随着科技、贸易、金融、法律和产业化手段的日新月异，对专利资产进行商业运营的模式也在不断地进行融合与演变，从而以更具有实践价值的商业模式，使得创新链条能够更好地匹配产业链和供应链的发展。

在目前西方发达国家主流的市场体系中，通常主要采用以政府作主导、由专业化的服务机构来实际运营的公共知识产权服务体系，从而实现推动本国特定产业知识产权资产价值提升的核心目标。如支持本国专利运营机构发展、创立政府背景的知识产权创投基金等方式积极扶持专利运营产业发展。例如，美国国家技术转移中心建立专利供求和分析归类的信息枢纽，通过网络化的服务体系，密切联系联邦实验室，形成科研机构与产业界的专利转移纽带。英国政府组建英国技术集团，负责对政府公共资助形成的研究成果进行商品化，已发展成为世界上最大的专门从事技术转移的科技中介机构之一。韩国政府投入2亿美元设立“知识产权立体伙伴”和“知识探索”等专利运营管理公司，开展专利集中管理和统一运营，在推动专利转移转化的同时，有效帮助本国企业应对外国专利运营公司的威胁。[1] 相比之下，由于缺少统一的产权市场，我国专利运营产业规模小、服务能力弱、交易规则不统一，专利运营的信息形成与传递、价格发现等主要功能受到很大的限制。

专利运营通过专业化的资产管理和市场化的资本运作，正在发挥着配置全球创新资源的关键作用。专利运营并不仅是促成智慧劳动成果的交易或者许可，而更是在资产管理和资本运作的过程中提升知识产权资产的整体价值。目前，专利资产的资本化运营作为独立的产业形态，产业链条完整，产业规模日趋扩大。在发达国家，专利资产组合的运营管理已形成一个相对完整的产业链，美国已成为全球最重要的专利资产组合交易市场，每年有高达500亿美元的交易量。

美国是成熟的市场化国家，专利运营作为具体的商业模式，有着完善的市场体系和法治环境。专利运营与美国强大的创新力密切相关，是美国创新体系重要的组成部分。同时，专利资产的资本化运营在美国的全面发展依赖于美国特殊的法律制度和诉讼环境，通常会在侵权诉讼中产生巨额的赔偿判罚，一方面吸引了越来越多的资源进入知识产权资产的运营领域，另一方面也受到部分民众、经济学家和业界人士的诟病。

在缺乏创新常识的美国公众看来，对专利的系统认知仍然停留在后工业时代：专利诉讼都由制造产品的企业向模仿复制它们产品的企业提起。原告自己研发产品，申请专利，在市场上销售专利产品，在被其他竞争企业复制的情况

[1] 李昶．中国专利运营体系构建［M］．北京：知识产权出版社，2018.

下，行使法律赋予的垄断权，提起诉讼保护市场。但目前的现实是，专利侵权诉讼不再是制造业企业的“专利”。一方面，大量的专利律师事务所参与或成立中小型专业化的专利运营公司，帮助专利权人维护权益。另一方面，微软、松下、苹果、三星、飞利浦等跨国制造业公司纷纷成立独立的专利运营公司开展专门业务或投资关联公司抢占市场份额，亦不乏以专利诉讼遏制竞争对手的情形出现。专利运营产业发展至今最瞩目的标志性事件是2000年由微软前首席架构师梅尔沃德和荣格联合发起成立美国知识产权风险投资公司（高智发明有限公司），受托管理发明科学基金、发明投资基金和发明开发基金三支盈利性基金，收入规模超过30亿美元，关联专利多达5万件。令人诧异的是，作为竞争对手，微软、三星、谷歌、苹果、诺基亚、亚马逊、ebay等跨国公司竟然同时是高智发明科学基金的发起人或战略投资人，充分表明了专利运营中错综复杂的市场竞争和合作关系。在不同利益主体的解读下，专利运营的中小型市场主体（甚至包括高智发明有限公司）常常被称之为“专利蟑螂”“专利海盗”或“专利丑怪”。在大企业普遍深度参与专利运营的情况下，却对中小型专利运营公司冠以这种明显带有贬损性的称谓反映出美国产业界对待专利运营的复杂心态和不同的认识。客观地看，专利运营在美国的出现、发展更多是法律规则博弈的结果，其商业模式的变化与产业竞争程度密切相关。

无论如何，不同的专利运营商业模式均是基于共同的核心价值理念，即在专利制度的产权框架下以市场化方式促使创新利益最大化。

专利运营是不同创新主体进化博弈演化的市场竞争行为，已经深度融入美国的国家创新生态体系中，从而充分展示出市场经济竞争的活力，并持续推进国家创新生态体系的协同进化。显然，国内外专利运营体系中不同运营模式之间的差异性，主要来源于不同类别的运营主体在具体的商业策略和运作方式方面的差异。

而专利资产运营模式的分类，也自然可以基于其运营主体的不同来进行。对知识产权资产进行运营操作的主体，可以包括科技型企业、高等院校及科研机构等创新主体，也可以包括促成知识产权交易、产业化和资本化的专业服务性中介机构。按照专利运营主体的不同，可以将运营模式分为三个主要类别：以中介为运营主体的模式、以企业为运营主体的模式和以科研院所为运营主体的模式。[1]

---

[1] 王潇，张俊霞，李文宇. 全球专利运营模式特点研究［J］. 电信网技术，2018（1）：6.

一、以中介为运营主体的模式

以不同类型和组织形式的中介机构作为运营主体的商业模式主要包括：专业化运营基金、交易撮合平台及专利联盟模式。

专业化运营基金主要包括由政府资金引导、社会资本参与的知识产权运营引导基金和主要由企业出资主导的市场化运营基金。通过整合各方专利、技术、人力等资源，搭建平台，使用直接购买、培育目标专利、专利诉讼等手段，实现化解风险、降低运营成本、提升收益等不同目的。

基金管理最有名的公司属美国高智发明有限公司，其运营管理 3 个投资基金：发明科学基金（ISF）、发明开发基金（IDF）和发明投资基金（IIF）。其具体介绍可参见本书第三章第六节内容。

近年来，我国也逐步建立起由政府引导，专注于特定产业的知识产权运营引导基金，如北京市重点产业知识产权运营基金、国知智慧知识产权股权基金、七星天海外专利运营基金、广东省粤科国联知识产权投资运营基金等。

交易平台撮合是将专利成果在平台上进行专业化专利评估、培育、增值、推介、洽谈等公开化的商业操作模式。通过平台聚拢的中介服务资源和平台资源，与经纪、咨询、评估等专业中介机构合作，为专利技术、商标及其他知识产权以转让、许可、入股、融资、并购等多形式转移转化。2009 年，由科技部、国家知识产权局、中国科学院和北京市人民政府联合共建的中国技术交易所属于典型的交易平台模式。

专利联盟模式主要包括专利集中管理和专利池两种模式。专利集中管理是将专利集中交由独立的专业运营公司管理和运营的模式。专利池是以基于标准的一组专利为纽带实现内部交叉许可，或者互惠使用彼此专利，对外发布联合许可的模式。

专利集中管理模式典型的机构有合理专利交易公司（Rational Patent Exchange，RPX）等。专利池模式典型的机构有 MPEG－LA，由索尼、飞利浦、哥伦比亚大学等机构在 1996 年共同组建，用于专门从事专利池的管理运营工作。

二、以企业为运营主体的模式

以企业为主体的运营模式主要分为企业内部自行运行、设立许可公司及委外实施3种模式。

企业内部自行运行主要由公司内部知识产权管理部门主导企业专利运营相关事务。代表企业有NTT、DoCoMo和朗科。

设立许可公司主要由原公司另行出资设立新公司，并将专利权转移或委托予新设公司，该新设公司的主要任务为从事专利运营、授权事务等。代表企业有三星、中兴和拜耳等。

委外实施主要包括通过NPE收取专利费和委托信托机构进行运营。通过NPE收取专利费是指公司通过专利转让将专利权转移予NPE以收取专利许可费，在收费用后与委托公司进行比例拆分。委托信托机构进行运营是指公司以出让部分投资收益为代价，在一定期限内将专利委托金融信托投资机构经营管理，该机构对受托专利的技术特性和市场价值进行挖掘和包装，并向投资人出售受托专利，以获取资金流。爱立信公司将专利委托NPE进行专利费收取。

三、以科研院所为运营主体的模式

以科研院所为主体的运营模式主要有技术转移办公室模式、产业园区模式及与企业直接合作模式3种类型。

技术转移办公室模式是指在高校设有办公室形式的职能部门，在原有的专利成果的基础上，对成果进行管理，以成果经营和转化为目标，按照技术领域和成果形式进行职能划分。

产业园区模式是以大学为依托，将大学的智力资源与其他社会资源相结合，创建进行科技成果转化、高新技术企业孵化、创新创业人才培养等的支撑平台和服务机构。产业园区的作用就是转化大学的专利技术成果，孵化高科技企业。

与企业直接合作模式是将高校的专利研发和转化工作委托专门的机构来运作，并且扩展机构的业务范围，开展成果投资，联系企业合作研发并经营专利成果。企业提供资金、设备、场地、人员等，为高校特定科研成果寻找合适的企业进行成果转化，或者从企业高校相关科研项目中找到自身所需的成果，并将这些成果实现产业化。这种模式是目前国内高校普遍采用的一种专利运营模式，其主要特点在于专利直接由高校传递给企业，是一种点对点的信息联络，且采用此种模式进行技术转移的相关科技成果多是较为简单、成熟的，主要是对高校已有的专利技术进行转化和推广。

第二节　专利的转让——技术交易层面的运营选择

专利的转让，是基于专利所有权的运营模式，也是专利运营中最直接的模式选择。专利转让以专利所有权为标的，专利权人作为转让方，将其发明创造专利的所有权转移到受让方。

首先，一般意义上，专利所有权的转让所涉及的必然是专利的全部所有权。但是，如果考虑到地域的专利布局的因素，某项专利技术的转让可以仅涵盖部分国家和地区的权利，而并非全球的全部专利权。

其次，专利权的转让，可以是已授权专利的所有权，也可以是未授权专利的所有权，在后者的情形中，可以称之为申请权的转让。

专利转让运营就是专利运营者本身作为被转让专利的权利人或者受专利权人委托，通过转让专利使自身或者委托人获得权利出让金。对于专利运营者而言，转让专利一方面可以减少专利持有带来的相关开支，如专利的年费、管理成本和诉讼费用等；另一方面，可以获取权利出让金，从而增加经济收益。

一般来讲，选择专利转让模式的专利运营者主要包括个体发明人、高校和科研院所、研发型企业和生产型企业，以及专门从事专利运营的组织等。其中，个体发明人、高校和科研院所、研发型企业，因为自身没有能力或者意愿直接从事产品生产，大多都会将其所拥有的专利转让给生产型企业，从中获取利益，回收前期研发投入。

中小型企业选择专利转让，则多是因为以下几种原因：一是经过企业战略调整，不再需要相关专利；二是相关专利与企业主营产品不相关；三是企业面临破产。

此外，仅涉及部分国家或地区的专利权转让，也有可能是基于权利人本身的市场布局选择。例如，仅聚焦国内市场的企业主体，可以将专利技术的海外权利转让给海外的同行业企业，从而获得额外的转让收益和特定的资源合作渠道。

例如，2014 年，同济大学附属上海东方医院的无轴磁自浮轴流血泵成功转让给上海一家医疗器械公司，转让合同中许可转让费用总金额超过 5 亿元人民币，外加销售额提成，而且项目开发费用也全部由合作公司支付。值得注意的是，该项目聘请了专业的知识产权布局咨询公司，在仔细评估相关技术和专利申请后，深入挖掘出新的未公开的发明点并重新申请了一个专利，提高了保护力度，挽救了该项目国际市场的保护，大大提高了该项目在中国和全球的价值，从而促成此项技术转让。

大型企业对专利进行转让的交易，通常是其本身发展战略的选择，将与自身主营业务关联度较低的技术成果出售，同时收购与自身主营业务关联度较高的专利技术。如图 2－1 所示，国内专利转让交易中，出让专利数量排名靠前的主要包括以下企业。

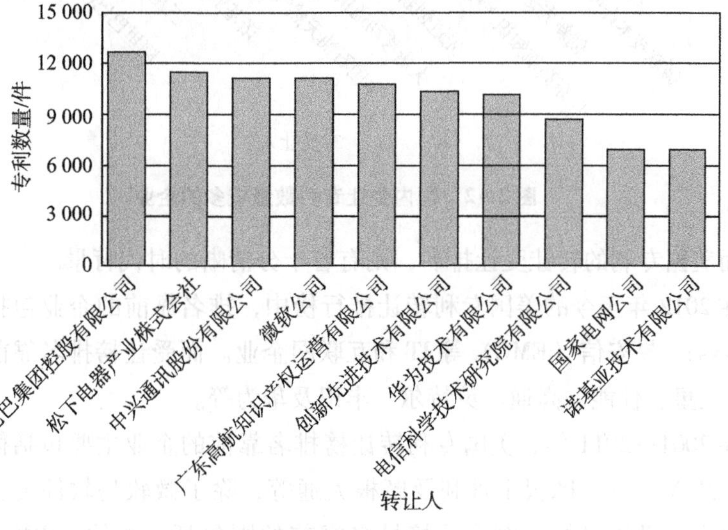

图 2－1　国内专利数量转让较多的企业

其中排名前列的几乎都是行业龙头企业，如阿里巴巴集团控股有限公司、松下电器产业株式会社、中兴通讯股份有限公司、华为技术有限公司、微软公司、诺基亚技术有限公司等；另外还有一些中央企业和专业研究为导向的企业，如电信科学技术研究院有限公司和国家电网公司。最独特的是广东高航知识产权运营有限公司，其属于专业的知识产权运营企业，专利的交易就是其主营业务方向。

实际上，很多转让数量排名靠前的企业，在受让数量排名方面也名列前茅。如图2-2所示，受让数量排行榜的前十位中，实际上有六家企业也出现在出让数量排行榜的前列。这表明了大型企业的专利转让交易是其专利运营过程中最常见的交易模式之一，也是其发展趋势和战略选择趋向的晴雨表。

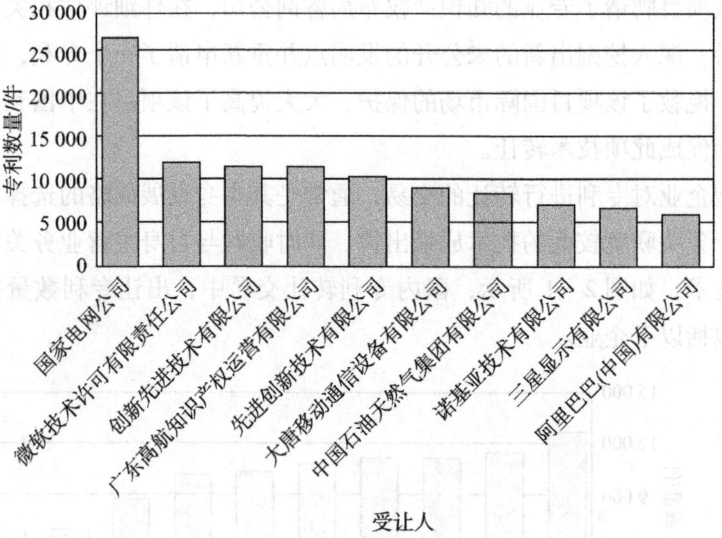

图2-2 国内受让专利数量较多的企业

而美国专利的转让受让排名，则有着十分清晰的时代背景。

在2012年至今的美国专利转让排行榜中，排名靠前的企业包括谷歌、戴尔、Wyse、易安信（EMC）等IT和互联网企业。而受让榜排名靠前的则包括IBM、三星、佳能、高通、英特尔、丰田及华为等。

在2001—2011年，美国专利转让榜排名靠前的企业主要包括微软、美洲银行、JP Morgan、摩根士丹利及摩根大通等，除了微软是软件类企业外，大部分是金融投资机构。而受让榜排名靠前的则包括：微软、IBM、索尼、佳能、东芝和惠普等，其中以IT制造业为主。

案例：美国在线向微软打包出售专利[1]

美国在线（America Online，AOL）成立于1983年，是美国一家跨国传媒

[1] 美国在线．"美国在线"向"微软"打包出售专利[EB/OL]．(2012-04-10)．http://news.sina.com.cn/o/2012-04-10/151224248364.shtml. 2012-04-10.

集团，总部位于纽约。2015 年 6 月，被弗莱森电讯公司（Verizon Communications）以 44 亿美元并购，成为弗莱森电讯公司的一个子公司。美国在线是美国著名互联网服务提供商，拥有并经营着“赫芬顿邮报”（The Huffington Post）、“科技博客”（TechCrunch）和“瘾科技”（Engadget）等网站，向消费者、出版商和广告商提供数字化内容、产品和服务。

美国在线曾是 20 世纪 90 年代中期互联网的早期拓荒者之一，是美国最著名的互联网品牌。美国在线最初为上百万美国人提供拨号服务，也提供门户网站、电子邮件、即时通信，以及后来的网络浏览器（在它收购了美国 Netscape 公司之后）。2000 年，美国在线与传媒集团时代华纳（Time Warner）合并。然而，由于拨号上网的衰落，美国在线业绩迅速下滑。2009 年，美国在线逐渐与时代华纳分离，成立独立公司，更改标识为 Aol.，并任命蒂姆·阿姆斯特朗（Tim Armstrong）为新任首席执行官。

在蒂姆·阿姆斯特朗的领导下，美国在线公司开始向媒体内容提供商转型，重点投资于媒体品牌和广告技术。由于转型缓慢，美国在线的投资者们开始抱怨公司业务不够专注，产品货币化不够快。在这样的压力下，以斯塔博德价值基金公司（Starboard Value）为首的股东们开始注意到公司持有的专利的价值。2011 年秋天，美国在线公司着手出让其持有的专利。2012 年 4 月，经过竞买程序，美国在线与微软达成交易协议。美国在线以 10.56 亿美元的价格将 800 件专利转让给微软，并保留所有售出专利的永久使用许可。出售的专利包括早期互联网专利，涉及搜索、电子邮件、即时通信和定制在线广告等技术。

将这 800 件专利转让给微软后，美国在线仍然持有 300 余件专利和专利申请。这 300 余件专利和专利申请涉及广告、搜索、内容生产/管理、社交网络、地图、多媒体/流媒体及安全等核心和战略技术。公司首席执行官蒂姆·阿姆斯特朗认为，此次与微软的交易有助于推动美国在线的转型战略，为股东创造长期价值。美国在线宣布向微软出售专利后，公司的股价当天飙升 43%，收盘时达到每股 26.40 美元。

美国在线的专利所涉及的即时通信、电子邮件、浏览器、搜索引擎、多媒体技术等技术与微软公司自身的业务有高度相关性。凭借这次交易，微软也达到了获得美国在线所有专利的长期使用许可，以及获得一些专利的所有权以补充现有专利库的目的。同时，美国在线的专利有相当部分源于著名的地图供应网站——Mapquest，涉及地图业务，从而有助于微软与谷歌地图业务进行竞争。此外，微软随后以5.5亿美元的价格把一部分美国在线的专利出售和许可给了准备上市的脸书公司（Facebook），收回了相当一部分投资。

第三节　专利的许可——强化比较优势的运营选择

专利许可是最普遍的基于专利使用权流转而获益的专利运营模式。许可费用是运营者主要的收益来源之一。专利许可运营是指专利运营者凭借直接或间接获得的专利权许可他人在一定条件下使用专利权，被许可人需支付许可使用费。在专利许可运营中，专利运营者可选择独占许可、排他许可、交叉许可、分许可等不同方式，限定实施许可的范围。无论经过哪种方式许可，专利权的归属都不发生变化，而只有使用权发生流转。

专利的许可实际上是发挥不同主体之间比较优势的一种策略选择。例如，高校和科研机构的主要业务领域就是进行技术研发，但是在生产经营层面却不具备专业的背景和合格的团队，将自身的专利技术许可给企业使用，专利权本身并未发生转移，大学和科研机构可以始终保持专利技术的所有权。但是在生产经营层面的使用权，则交由更具有竞争优势的企业来执行，这正符合将专利资产价值最大化的核心目标。

在大企业之间，有时候也会密集地产生专利许可，这其中一个重要的原因在于，大企业可能在许多不同的业务领域及不同的产品方面都存在着彼此间的专利技术使用问题，若单独对每一项专利进行分析评估，则非常费时费力。因此，大企业之间通常会采用交叉许可特定专利组合的方式，完全或部分免除彼此之间的专利许可费用，以减少工作量，提升效率。例如，获得华为的中国专利许可最多的企业，正是本身也具有很多专利储备的苹果公司。两者之间就存在着大量的交叉许可业务。

而更具特色的许可模式是美国高通公司，其是目前世界上以专利许可为主营业务的龙头企业。该企业将自己拥有的专利形成了通信行业的行业标准，从而单纯以许可的方式就获得了超额的收益，具体案例参见本书第三章第三节。

第四节　专利的诉讼——企业竞争层面的运营选择

虽然专利所有权的转让和专利使用权的许可，是相对比较简单直接的专利运营模式，但是真正能带来超额收益并使得企业形成竞争优势的运营策略是专利的诉讼操作。

基于专利权在一定程度上的垄断性，专利的最大价值往往体现在帮助企业排除竞争对手、保证市场份额以及形成竞争优势。基于此种出发点，专利权人实际上可以通过专利诉讼来实现多种商业目的。

一、宣传警示策略

根据专利的自身特点、市场状况及侵权行为的类型等，专利权人在诉前通常采取宣传警示策略，通过广告形式或产品上注明专利标记发挥广告宣传作用，同时具有一定警告作用。必要时可通过发律师函或警告函的形式警告侵权厂家，甚至可通过先警告后协商的形式解决专利侵权纠纷。面对众多的侵权厂家，亦可先起诉其中一家然后广为宣传，杀一儆百，抑制侵权行为。

《中华人民共和国专利法》（以下简称《专利法》）第七十七条规定："为生产经营目的使用、许诺销售或者销售不知道是未经专利权人许可而制造并售出的专利侵权产品，能证明该产品合法来源的，不承担赔偿责任。"这种特定的使用或销售构成侵权的前提必须是明知故犯。不少厂家申请专利，以提高产品的可信度及企业的知名度，但在产品上或宣传广告上注明专利标记时，应当避免将还未批准授权的产品标上专利号或"专利产品"字样，否则有可能构成假冒专利而受到专利管理部门的行政处罚。

二、市场垄断策略

专利诉讼最终无非为了争夺市场，通过专利诉讼抑制对手的生产规模，同时不断扩大专利权人的生产以占领市场。专利权人通过诉讼，还可以垄断使用权、销售权和制造权。有些企业申请专利就是要垄断使用权，自己实施使用该专利技术，并不将技术转让或许可他人使用，从而形成垄断市场。因此，不少专利权人起诉他人侵权，并不要求索赔或要求索赔甚少，其主要目的是制止他人继续生产与其专利相同的产品或禁止他人使用其专利技术。只要他人不扩大生产或能停止生产其专利产品或停止使用其专利方法就达到了控制市场占有率的基本目的，从而使专利权人在激烈的竞争中占据主动。

企业在自己的专利法律状况稳定的前提下，而且涉嫌侵权的产品确实无实质性争议地落入专利权的保护范围的情况下，必要时可以申请法院采取诉讼保全措施。这在一定程度上可提前起到垄断市场的作用。一些企业知道，自身的产品或方法在法院采取诉讼保全措施后，侵权者会自动停止侵权行为，虽然法院尚未判决，但对专利权人垄断市场而言，已经达到了目的。

原告在专利诉讼时，应当充分应用法律，尽快地制止侵权行为，使企业达到垄断市场的目的。禁止侵权行为，往往比索赔多少更重要，禁止侵权行为给专利权人带来的潜在效益通常大于实际的索赔。

三、追索赔偿策略

一些发明人或企业申请专利的目的往往不是自己实施或使用，而是转让或许可他人使用。有些专利权人虽然自己生产专利产品，但他人生产侵权产品必然影响其销售的市场份额及价格，造成其损失。专利侵权纠纷中存在着一个追索赔偿的问题。追索赔偿是专利诉讼的一个难点，关键在于掌握证据，诉前最好申请法院采取必要的证据保全措施，从而获得被控侵权者的生产销售及盈利情况。在情况未明时，诉讼的标的一般不宜太高，有可靠证据时可另行增加诉讼请求。为能获得有关证据，必要时可通过各种正当合法途径取证，例如工商、税务等部门的协助，最好的办法是诉前的证据及财产保全措施。

对于连续实施的侵权行为，权利人得知或者应当得知权利被侵害的时间已超过两年的，权利人有权要求侵权人停止侵权；但是，侵权赔偿的数额仅从起诉前两年开始计算。专利权失效两年后，则不能对专利有效期内的侵权行为起诉及要求赔偿。

专利侵权的索赔，如果通过协商解决纠纷往往较易实现索赔目的，双方自愿达成的赔偿数额，虽然不一定很高，但被告方较易接受。经法院判决的，执行往往有一定的难度。由于索赔的证据不易取得，越来越多的专利纠纷通过协商解决赔偿问题。

第五节　专利与金融——资本运作层面的运营选择

如上文所述，专利是一种无形资产，对其进行适当的运营操作，可以实现收益。例如，通过转让或者侵权诉讼获取一次性收益，以及通过许可获得持续性收益。这种潜在的收益预期，就使得专利权具备了通过适当的金融工具来进行资本运作的潜力。

资本运作是指利用市场法则，通过资本本身的技巧性运作或资本的科学运动，实现价值增值、效益增长的一种经营方式。同资产经营相比，资本运作具有流动性和增值性更强的特点。通过资本的流动与重组，进而实现资本增值的最大化或者提升资本增值的效率，这也是资本运作的根本目的。

当前金融资本与产业的加速融合成为主流趋势。当产业发展到一定阶段，对于资本的需求会不断扩大；同时，金融资本发展到一定阶段也需要产业作为其发展的物质基础。市场经济中，二者的融合是必然趋势。一方面，实体产业内部开始运用金融理念和工具来进行投资，如光伏企业与金融企业联合发起的光伏互联网金融战略项目。另一方面，金融资本逐渐渗透到实体产业领域，如保险公司开始与地产企业合作，直接参与管理和运营实体项目。此外，国资国企改革的制度设计理念也反映了金融与产业的深度融合。可见，金融资本和产业正在加速融合。

资本运作能够快速有效地整合资源，是企业快速实现自身价值的利器。同样的，金融资本与专利运营产业相融合的趋势也日渐凸显。一方面，随着专利运营产业的发展，资金匮乏成为制约其规模拓展、层次提升的重要阻碍之一。运营者们开始向金融资本寻求解决该难题的路径，运用金融投资理念来运营和管理专利资产。另一方面，为拓宽业务渠道、培育新的利润增长点，越来越多的金融资本参与到专利运营中来，并成为专利运营的撬动者。

当前，专利运营基金成为金融资本与专利运营产业相融合的重要体现。在国外，不少专利运营基金已形成了比较成熟的运营模式。从出资人的性质来看，主要包括以下三类：

一是政府主导型，也就是由政府出资主导的运营基金。例如，法国于

2011年成立的主权专利基金 France Brevets，由法国政府和法国经济发展部下属公共管理投资机构共同出资。政府主导型专利基金容易受政府相关政策与政治倾向影响，有可能成为政府实施反倾销、反补贴的贸易救济途径。

二是私营主导型。即由企业出资主导的市场化运营基金，如美国高智发明有限公司成立的发明投资基金。私营部门主导型的专利基金以盈利为目的，很容易被投资者的盈利意图所牵制。相对于政府主导型的专利基金，该类专利运营基金可能对公共利益产生不利影响。

三是公私合营型。即由政府资金引导、社会资本参与的运营基金，如韩国的创意资本基金（Intellectual Discovery）、日本的生命科学知识产权平台基金（Life Science IP Platform Fund，LSIP）等。相比而言，合作型专利基金的关键在于私营部门，政府负责制定相关政策作为指导，并且投入大量资金，但如果私营部门未能塑造出成功的商业模式，其运营绩效也难以保障。❶

引入资本运作理念，专利资产实现资本化、价值化，以投资基金为主导，专利运营产业发展获得了更多的跨界支持，并呈现出参与主体更加多元、产业规模快速扩张的态势。除了运营基金外，以专利权为基础结合特定金融工具进行的资本运作手段，还包括专利权质押融资、专利资产证券化、专利保险、专利权作价入股等。具体内容将在后续章节详细讨论。

❶ 刘然，蔡峰，宗婷婷，等. 专利运营基金：域外实践与本土探索［J］. 科技进步与对策，2016，3（5）：56-61.

第三章　全球专利运营的典型模式及案例分析

第一节　技术孵化的典型模式及案例——科研院所的技术转移

以高校和科研机构为代表的科研院所，由于其通常是技术研发的实施者，因此也就成为了专利权的主要提供者和持有者。但是，由于其缺乏市场化运营及产业化实施的专业背景与合作团队，因此作为专利权的主要提供者和持有者，其通常并不能成为专利产业化的运营主体。

科研院所的研究特点，是以科技前沿攻关为主，主要解决基础性的底层问题及尖端的疑难问题。但是这类问题通常距离市场的实际需求较远。换言之，科研院所的技术成果并非以解决市场问题为导向，因而其市场化难度较大。

因此，需要专业的机构和组织对科研院所的技术成果进行孵化操作，也就是说，以技术转移和孵化机构作为中介平台，对接市场需求与技术供给。这一类实施技术转移孵化的工作，在国外主要由科研院所的技术转移办公室（TTO）来负责，而在我国则通常需要通过相关产业园区的孵化器公司来负责。

一、技术转移办公室[1]

技术转移办公室模式是指在高校设有办公室形式的职能部门，在原有的专利成果的基础上，对成果进行管理，以成果经营和转化为目标，按照技术领域和成果形式进行职能划分。

---

[1] 王潇，张俊霞，李文宇. 全球专利运营模式特点研究［J］. 电信网技术，2018（1）：6.

技术转移办公室模式由美国斯坦福大学首创，负责全校专利申请、对外许可和对外转让等事宜。由于在提高专利质量、鼓励发明人和学校积极进行专利技术转化等方面具有明显优势，这种模式迅速普及，目前已经成为美国高校专利运营的主要模式。

图 3-1 所示为美国斯坦福大学技术转移办公室的工作流程。其一般由法律、商业和技术专业人才所组成，受理来自斯坦福大学教职工和学生的发明申请，由技术专业人才对这些发明的潜在商业价值进行评估，选取商业前景良好、市场需求大的技术发明开展专利申请工作。

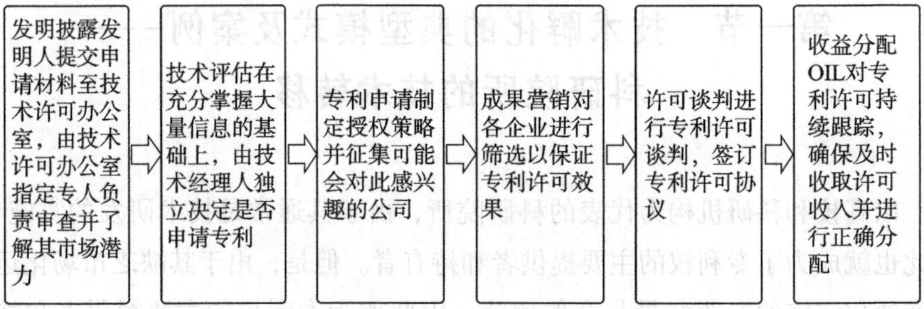

图 3-1　美国斯坦福大学技术转移办公室的工作流程

作为我国首屈一指的高校，清华大学在人才队伍、学科结构、科研投入等方面都有着深厚的积淀和独特的优势，这为其产生大量的专利成果奠定了坚实的基础。近年来，清华大学连续多年中国专利申请数量每年都超过 4000 件，每年的专利授权数量都超过 1900 件；2019 年，在美专利授权量位列全球高校第三，获中国专利奖总数在国内高校位居首位；2020 年，科技成果处置交易额超过 2 亿元。

清华大学成果与知识产权管理办公室于 2015 年 10 月成立，是学校知识产权管理领导小组的日常办事机构，职能包括科技奖励、专利管理、技术转移和政策法务 4 个方面。学校知识产权管理领导小组由学校主管科研、产业和校地合作的校领导，以及技术转移研究院、资产处、科研院等多部门领导组成，统一领导学校知识产权和技术转移工作。

清华大学成果与知识产权管理办公室与科研院、校地合作办公室、地方院、派出院、技术转移研究院以及清华控股等机构，构建起了技术成果转移转化的工作体系，如图 3-2 所示。

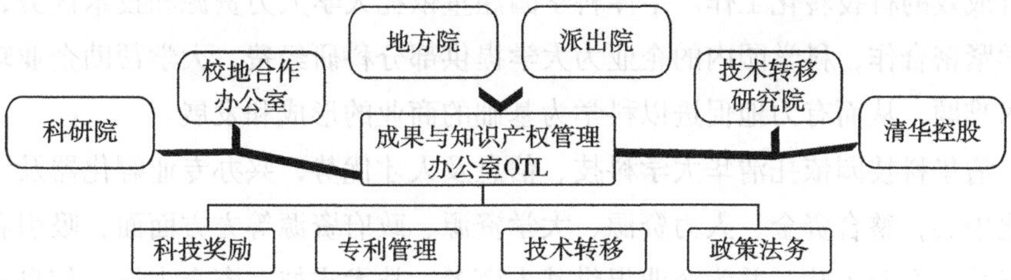

图 3-2　清华大学技术成果转移转化体系

通过设立技术转移办公室，实现了高校科研成果的转化和推广，同步推进了大学研发活动的长期发展，办公室信息资本丰硕、信息渠道广泛、专业性强。一方面将企业对产品的要求和企业的科研需求动态传递给高校科研人员；另一方面又积极为高校已有的研究成果寻找对应市场，降低了科技成果转化过程中的信息不对称和交易成本。

二、产业园区模式[1]

产业园区是以大学为依托，将大学的智力资源与其他社会资源相结合，进行科技成果转化、高新技术企业孵化、创新创业人才培养等的支撑平台和服务机构。产业园区的作用就是转化大学的专利技术成果，孵化高科技企业。

美国加利福尼亚州斯坦福大学研究园主要从事计算机的研究与开发，是"硅谷"的原型。硅谷的崛起和迅猛发展是多种要素协同作用的结果，主要包括大学的科研环境、政府的支持、市场经济动力、风险资金的投入等因素的影响，以及企业家的革新、人才队伍的建设等。大学作为硅谷的科学技术基础，为硅谷研究园的发展提供了复合型人才，有利于交流技术思想和成果，促进科技工作者的发展，为斯坦福研究园提供政策制度和经济上的支持，对斯坦福研究园的发展产生决定性的影响。

英国最典型的产业园区是牛津产业园区，其创建目标是为了促成以科研为基础的商业的形成和发展，鼓励科学园内高科技公司的产业发展。牛津科学园位居牛津城中心区域，附近有大约 60 个大学部门和科研单位，牛津科学园与牛津大学、牛津布鲁克大学及其他技术转化研究中心紧密合作，开展了一系列

[1] 王潇，张俊霞，李文宇．全球专利运营模式特点研究［J］．电信网技术，2018（1）：6.

卓有成效的科技转化工作。牛津科学园注重依托大学人力资源和技术优势，与大学紧密合作，科学园内的企业为大学提供部分科研经费，大学帮助企业攻克技术难题，从而有力地促进以科学为基础的商业的形成和发展。

清华科技园依托清华大学科技、信息及人才优势，兴办专业孵化器及综合孵化中心，整合资金、人力资源、大学资源、政府资源等方方面面，吸引各类高新技术企业入驻，并为企业提供基本商务、技术支持、资金支持、信息支持等全方位的服务。清华科技园已成为中国乃至世界大学科技园领域的知名品牌。目前清华科技园已经形成“多位一体”的发展模式，即在科技园这个载体上运营多项相关业务，包括科技地产、风险投资、为科技企业的创新提供服务、针对科技人才和科技企业家提供培训等，成为科技创新与创业环境解决方案提供者和创新型科技企业增值服务提供者。

三、与专业孵化企业直接合作模式❶

与企业直接合作模式是将高校的专利研发和转化工作委托专门的机构来运作，并且扩展机构的业务范围，开展成果投资，联系企业合作研发并经营专利成果。企业提供资金、设备、场地、人员等，为高校特定科研成果寻找合适的企业进行成果转化，或者企业在高校相关科研项目中找到自身所需的成果，并将这些成果实现产业化。

这种模式是目前国内高校普遍采用的一种专利运营模式，其主要特点在于专利直接由高校传递给企业，是一种点对点的信息联络，且采用此种模式进行技术转移的相关科技成果多是较为简单、成熟的，主要是对高校已有的专利技术进行转化和推广。

汇智知识产权是江苏大学专利运营的主体。这是该校与财政部基金联合投资建立的 PPP 模式的国家专利运营试点企业。汇智知识产权依托江苏大学的智力资源和江苏省知识产权研究中心的研究成果，以装备制造业为主要技术方向，以高校专利技术为运营对象，以围绕产业链组建专利池或专利联盟为运营手段，努力打造一站式知识产权运营服务平台，形成“1+3”的高校专利运营新模式。

---

❶ 王潇，张俊霞，李文宇. 全球专利运营模式特点研究［J］. 电信网技术，2018（1）：6.

其中，“1”是指一个 O2O 的知识产权创业创新平台；“3”是指三个层次的专利运营服务模式，分别为高价值专利培育、专利收储与运营、产业链知识产权运营服务。高价值专利培育是汇智知识产权对江苏大学近 2600 件有效发明专利进行分级评价，形成四级管理制度。针对二级以上的专利从技术性和市场性两方面进行项目筛选与评估。

专利收储与运营是指收储方向涉及高端装备制造、新能源汽车、新材料、流体机械、生物化工等领域，帮助完成一个以喷灌技术为主的专利包，涉及 13 件核心专利，经过专利价值评估，该专利包最终以无形资产作价 3500 万元入股成立了江苏汇创流体工程装备科技有限公司。

产业链知识产权运营是指围绕特定产业集群开展专利运营工作，通过产业专利导航、高价值专利培育和产业专利集聚等方式助力产业强链，目前已经在南京江北、镇江、江阴等地建立了地方主导产业的知识产权运营平台。

第二节 以技术转移为常态的典型案例——生物医药

生物医药类的创新产品，因为需要经过严格的临床前试验及临床检验流程，因而通常都具有技术含量高、开发周期长的显著特点，这也就导致了生物医药技术成果的产业化需要持续地进行高投入，虽然预期回报也很高，但是所面临的失败风险也不低。生物医药是典型的专利密集型行业，对技术的保护需求远高于其他行业。这也就导致了其在专利运营层面，具有与其他行业截然不同的特点。

一、生物医药产业的接力技术转移

生物医药产业不同于其他行业，创新药物和医疗器械的研究开发是一个复杂的系统工程，该产业具有以下基本特点：

（1）高技术。生物医药产业是一种知识高度密集、高技术含量、多学科综合发展与互相渗透的新兴产业，且具有高度的知识资产与产权垄断优势。

（2）高投入。由于药物研究开发过程复杂漫长，加之对新药的安全性要求越来越高，使得新药研究开发的资金投入不断升高。在美国开发一种新药往往要投入8亿~10亿美元，中国新药研究开发也需千万元人民币。

（3）高风险。新药研发风险大，淘汰率高，一种化合物从初筛到最后批准上市并占领市场，一般都是从上万个化合物中筛选出来的，一旦新药项目开发失败，上亿元的研发投入无法挽回，对企业的影响巨大。

（4）高回报。新药研究开发虽然风险很大，但新药项目成功上市，就会给企业带来巨大的经济效益。药品实行专利保护，企业享受定价权，独家生产占领市场，一般一种新药品上市后2~3年即可收回投资，会形成技术垄断优势，利润回报高达10倍以上。

（5）产业化周期长。从药物研究开发过程可以看出，药物从发现先导化合物到候选化合物进行临床前研究，然后进行临床试验研究，到最后批准投产上市需要经过漫长的过程，中间还要经历比一般商品长得多的审批过程，新药研发一般需要10~15年时间。

因此，生物医药产品的研制与开发是一个复杂的系统工程，其产业化过程涉及多个不同的行为主体。上游的基础研究和实验室研究阶段主要以大学或科研院所为主，是生物医药产业的研究主体，它们是产业化的前提，其技术力量直接影响着生物医药的开发及产业化进程，即为整个产业链的龙头；中游阶段主要是中试，企业开始介入，临床阶段主要由医疗机构来完成；下游阶段企业是产品产业化的主体，主要从事生产、经营和销售等一系列经济活动，在社会经济活动中占据主导地位，技术转移、产业化最终只能通过企业得以实现。

由此可以看出，生物医药技术成果从基础研究、开发到生产上市，整个技术转移过程需要经过多个环节，并且涉及诸多行为主体。这就决定了生物医药产业技术转移和一般的技术转移很不同，具有非常复杂、受诸多因素影响、关联度很高的特点。生物医药技术转移的整个过程，对知识产权高度依赖，同时需要高效率生产方式的社会分工和紧密合作，即政府、高校或科研机构与企业之间在研究、开发、生产直至销售各环节上进行有机结合。[1]

这也就导致以知识产权的转让或许可为标志的技术转移，在生物医药领域内是一种常态，在不同类型和不同阶段的行为主体之间，经常会存在着一种独特的知识产权接力转移现象。[2]

---

[1] 司前进．生物医药技术转移中的知识产权［J］．建筑工程技术与设计，2017（30）：1481.

[2] 冯薇，李天柱，马佳．生物技术企业接力创新中的专利运营模式——一个多案例研究［J］．科学学与科学技术管理，2015，36（3）：11.

在以知识产权接力转移为主要表象的接力创新过程中，不同的接力方式应采取不同的专利运营策略，接力方式与专利运营策略之间有一定的对应关系。

生物医药创新的典型发展阶段可以总结为初期发现、实验室研究、中试研究、临床前研究、临床试验、审批、生产和销售阶段。[1] 由此可以将生物制药专家型公司与核心公司的接力模式总结为平台技术转让、整体出售、合同研究和市场共同开发四种典型模式。

图3－3详细演示了生物医药类产品在不同的接力创新模式中，各个阶段的行为主体之间如何选择适当的专利运营模式。

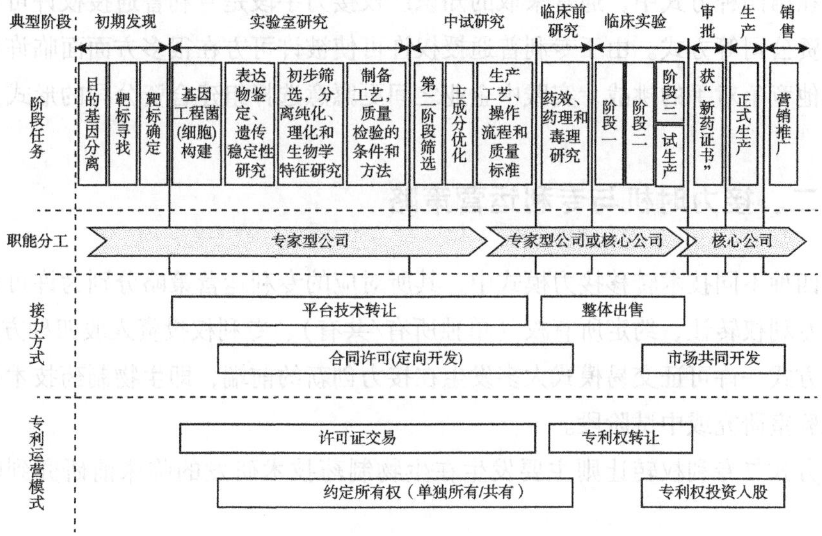

图3－3　生物医药领域专利运营模式

以研发为优势的专家型公司，在其发展初期由于持续的高投入，往往都会面临严重的资金匮乏，需要以已经获得专利授权的平台技术为融资手段，通过许可证交易将其许可给核心公司使用，由核心公司完成后续的临床前研究、临床试验及商业化等创新阶段。这种模式下，平台技术已开发成功，由专家型公司将专利权许可给核心公司，核心公司在此基础上进一步开发出目标产品。同时，许可证交易也是大多数大学或科研机构将研究成果向专家型公司或核心公

[1] 李天柱，银路，程跃．生物技术产业集群持续创新网络研究：基于国外典型机群的多案例研究［J］．研究与发展管理，2010，22（3）：1－8.

司转让时所经常采用的专利运营策略。

在第二种方式中，整体出售的接力方式决定了双方之间的专利运营策略只能采取专利权转让的模式。

而在第三种方式中，其专利运营策略最为灵活。由于是定向合作，双方的权利义务均由合同规定，那么双方有充分的缔约自由来确定专利权的归属。而专利权的归属无疑与合作成功之后的利润分配等紧密联系。因此，在此方式中，双方必须审慎拟定合作合同，特别是其中涉及的知识产权条款，应充分考虑到专利权的有限性、地域性等法律特征。

在第四种方式中，通常采取的知识产权接力手段是专利普通授权许可或组建合资公司等方式。由于专利普通授权许可使被许可方在很多方面面临许可方和其他竞争对手的挑战，实践中企业之间更愿意选择组建合资公司的形式。

二、接力时机与专利运营策略

四种不同技术转移接力模式中，其所对应的专利运营策略分别为许可证交易、专利权转让、约定所有权（单独所有/共有）、专利权投资入股四种方式。

方式一许可证交易模式大多发生在接力创新的前端，即生物制药技术研发的实验室研究或中试阶段。

方式二专利权转让则主要发生在生物制药技术研发的临床前研究到临床阶段。

方式三约定所有权（单独所有/共有）广泛应用于生物制药技术的实验室研发到临床前研究的各个阶段。

方式四专利权投资入股大都发生在接力创新的比较后期阶段。

因此，在创新的不同阶段，专家型公司与核心公司的专利情况、企业规模、实力都有所不同。不同的接力时机，可能会影响企业选择不同的专利运营策略，但它们之间却不存在严格的一一对应关系。

三、各种专利运营策略的风险分析

分析各种专利运营策略的接力风险，对于生物技术企业在进行接力创新的过程中正确选择知识产权接力策略有着重要的现实意义。

（1）许可证交易：目前的许可证交易一般有三种形式，即普通许可、排他许可和独占许可。普通许可是指专家型公司将其专利权许可给某一核心公司使用后，自身仍保留使用该专利的权利，并且也可以许可给其他公司。排他许可是指专家型公司将其专利权许可给某一核心公司使用后，就不能再将该专利权许可给其他公司使用，但该专家型公司作为专利权人自身仍然可以使用该专利。独占许可是指专家型公司将其专利权许可给某一核心公司使用后，不仅不能再许可其他公司使用该专利，在许可使用期内专家型公司自己也不能够继续使用该专利。因此，就同一专利同一许可期而言，普通许可、排他许可和独占许可的交易费用通常是由低到高的。在许可证交易中，专家型公司面临的主要知识产权风险是，专利权的许可（特别是独占许可）往往意味着树立和培养了强劲的竞争对手，即使等到许可期满，专家型公司能够继续使用该专利时，也可能已经失去了该产品市场。当然，这主要是针对已经有能力对该技术进行产品化和商业化的专家型公司来说的。相对而言，核心公司在这一方式中面临的知识产权风险可能更大，因为该专利权能否成功实施，对获得许可的平台技术能否进行开发到进一步发展出创新产品，直至能否将产品成功商业化，都是不确定的。

（2）专利权转让：近年来生物制药企业间的并购势头强劲，其中的知识产权问题虽然看似简单，但实际上并不是所有的并购项目都是成功的。据统计，大约每 5 个合作项目中只有 1 个能够顺利地通过Ⅲ期临床，而其中大概有 1/5 不能通过关键的安全性或有效性标准而失败。剩下的交易中，大约又有 60% 被终止，而其中约有一半又会重新达成合作关系，继续向前推进。若仅仅着眼于在研重磅药物，根据德勤咨询公司的估计，合作、重新合作，并且顺利达到重大成功的比例是 8%。[1] 例如，葛兰素史克和塔格塞普特公司关于靶点为神经元烟碱受体的小分子交易，生锐公司和雷诺威公司关于治疗瘢痕的朱维斯塔交易等都以失败告终。这些终止的交易说明在整体出售这种接力模式中，并购的双方都面临包括知识产权在内的诸多风险。

（3）约定所有权（单独所有/共有）：由于采取定向合作的方式，双方的权利义务均由合作合同规定，而其中的专利权归属和利益分配，无疑是双方合

[1] Chuminhua. 2011 年 10 大终止的生物技术交易［EB/OL］.［2011 - 12 - 27］. http：//www.bioon.com/industry/finance/514 519. shtml.

作合同的重要内容。在这种模式下，专家型公司面临的主要知识产权风险是合作过程中可能出现的已有知识产权泄露和在专利权约定共有或对方单独所有的情况下，如何获得技术研发成功后的收益。而核心公司则面临着专家型公司能否按照合同约定开发出相应的技术成果，以及知识产权的泄露和滥用的风险。

应对上述风险的办法来自对各国知识产权法的深入了解。《专利法》第八条规定，“两个以上单位或者个人合作完成的发明创造、一个单位或者个人接受其他单位或者个人委托所完成的发明创造，除另有协议的以外，申请专利的权利属于完成或者共同完成的单位或者个人；申请被批准后，申请的单位或者个人为专利权人”。因此，对于核心公司而言，必须在定向开发合同中明确规定专利权的归属，否则基于知识产权是对智慧投入进行激励这一基本原则，所开发出的技术成果的专利权将会归专家型公司单独所有。如果合同中规定为共同所有，则必须进一步明确共有人的权利。《专利法》第十四条规定，“专利申请权或者专利权的共有人对权利的行使有约定的，从其约定。没有约定的，共有人可以单独实施或者以普通许可方式许可他人实施该专利；许可他人实施该专利的，收取的使用费应当在共有人之间分配。除前款规定的情形外，行使共有的专利申请权或者专利权应当取得全体共有人的同意。”这就意味着，如果不做进一步的明确规定，专家型公司有权将所研发的技术成果自用或者以非排他及独占许可的方式许可给核心公司的其他竞争对手使用，这显然对核心公司是非常不利的。实际中，核心公司往往通过阶段性付款的方式来规避知识产权研发失败的风险。而对于专家型公司而言，除在合同中明确知识产权的归属，阶段性付款的支付方式、时间等外，还要约定未来新药商业化之后依据销售额或利润提成的比例，尤其是在合同约定专利权由核心公司单独所有的情况下。

（4）专利权投资入股：专利权投资入股模式中存在的主要风险是专利估价的风险。无论是专利权价值的高估或低估，都会带来对核心公司或专家型公司在市场共同开发中的不利影响。因此，除双方根据实际情况对某项专利权进行自行估价外，还应该找专业的知识产权评估机构对某项专利权进行科学估价。

四、生物医药技术转移案例

上海交通大学（以下简称“上海交大”）于2017年6月8日提交了一项

专利申请，该专利申请的题目为“增强激动型抗体活性的抗体重链恒定区序列”，申请号为 CN107474136A，技术类别属于生物工程领域的抗体药物技术。

2019 年，上海交大医学院将这项专利及其同族的一些靶点以 8.28 亿元合同总金额外加销售额提成，独占许可给了苏州一家企业。2020 年，上海交大又将这项专利的剩余一个靶点以独占许可方式，授权上海一家生物技术公司，合同总金额约 3 亿元，外加销售额提成。

值得注意的是，上海交大对两家公司的许可方式都是“独占许可”，这就意味着专利授权给了一家公司后，不能再授权给另外一家公司了。但是，上海交大却能够将一件专利进行拆分，将拆分后的每一个部分，以独占许可的方式分别许可给两家公司，这在国内还是第一例。

拆分许可这种运营模式看似比较新奇，但这种模式在国外已经十分常见。上海交大为什么会采取拆分许可的方式呢？这主要是因为上海交大在进行项目研发时，也有其他机构和科研团队进行同一领域的研发，如果以当时的数据申请专利，保护范围就会很小。

为了扩大专利保护范围，规避侵权风险，上海交大将新的实验数据申请了中国和其他国家的发明专利，覆盖多种肿瘤和多个药物靶点，各个靶点的专利能够授权给不同的企业实施。

之所以不在一家企业内实施，是因为一家企业的财力和能力是有限的，一定时间内只能专注于一种药物的研发，这就会耽误其他新药研发。而将专利拆分之后，不同公司能够研制不同靶点的药物，从而专利的效力可以最大化。只是在拆分许可时要注意拆分合理，避免被许可企业之间的竞争，否则就会适得其反。

一项专利通过两次拆分后能够高达 11.28 亿元，相信很多企业都非常羡慕。但这背后，是专利本身的高价值。上海交大的“增强激动型抗体活性的抗体重链恒定区序列”专利，是生物与新医药领域的专利，属于国家重点扶植的高新技术领域。

传统疾病的癌症一直被称为“绝症”，各大科研院所都非常重视抗癌药物的研制。上海交大的这一专利，在专利摘要中提出：“该抗体重链恒定区可显著增强所述抗体或融合蛋白的激动活性，提高抗体或融合蛋白在肿瘤和自身免疫等其他疾病中的治疗效果。”如果实验成功，也是抗癌药物研制的一大进步。

而在专利运营层面，这一案例则十分明确地显示出，生物医药创新接力模式中的第一种模式，也即专家型“公司”——上海交大，将其研发成果拆分许可给两家核心公司。而实际上，这两家接受许可权的企业，很可能也只是创新接力中的一环，在其将该抗体技术开发至临床阶段之后，其也很可能将后续成果转让或者许可给更具核心竞争力的巨头企业。

这也正是生物医药产业内的常态，如辉瑞、诺华等国际巨头，其发展策略一直都格外重视对中小企业有潜力项目的收购。这种接力模式，则可以更好地发挥每一个环节各自的比较优势。

第三节　以行业标准为导向的专利许可案例——通信产业

不管是从技术角度，还是从知识产权角度，通信产业都是最具有行业标准属性的领域。由于通信协议及其背后的技术标准必须具备一致性，才能够实现通信网络内的无差别信息传输。

因此，通信产业内每一次更新换代，在技术进步的同时，行业的标准也在相应地更新。而通信领域对产品技术标准的强制性，也导致行业标准背后的专利技术，形成了标准必要专利，只要是能够接入公共通信网络的设备，就必然要获得该项专利的许可。美国高通公司就是拥有大量标准必要专利的专利许可巨头。

高通案例[1]

美国高通公司（QUALCOMM）创立于1985年，总部设于美国加利福尼亚州圣迭戈市，是全球3G、4G与下一代无线技术的领军企业。2013年，高通公司市值一度达到历史高点1049.60亿美元，超过一直领先的英特尔公司的1035.01亿美元，成为全球通信领域企业中的第一名。同年，在美国行业协会发布的报告中，全球电子硬件产业领域企业的拥有专利排名中，高通公司的专

[1] 美国“高通”公司的发展历程及其知识产权管理概况[EB/OL].(2011-03-24).http://www.360doc.com/content/13/0909/17/12061219_313311623.shtml.

利数量和质量位居世界第一。

在高通公司成立初期，凭借从美国军方拿到的CDMA技术研发项目合同，高通公司获得了第一批专利，并于1989年开始，向50家无线移动通信产业企业进行CDMA的专利许可。1993年，高通的CDMA技术被美国电信标准协会标准化。1995年，第一个CDMA商用系统运行。到2000年，全球CDMA用户突破5000万户。随着CDMA的高速发展，高通公司的专利许可收益也在节节攀高：合作方每销售一部手机，就要向高通公司缴纳一笔不菲的专利许可费，这里面包括CDMA专利的入门费和使用费，约占产品售价的6%左右。

高通公司的专利运用迅速得到了回报，高通公司逐渐成长为一个依靠CDMA专利创造和运用的高技术创新型企业，CDMA也得到了许多新型电信运营商的认可，特别是在率先大力发展CDMA技术的韩国等国家和地区，斥巨资投资CDMA市场，为高通公司迎来了高速发展的契机。

CDMA技术是3G、4G乃至更新的尚处于实验之中的5G技术的基础。为了抢先进入3G市场，作为CDMA技术的创始者，高通公司多年来积极从事CDMA的专利部署，几乎垄断了与CDMA相关的所有技术专利的使用权，并推动CDMA成为3G产业的标准协议。任何需要使用CDMA技术专利的公司，都要向高通公司交纳数量不菲的专利许可使用费。在3G技术WCDMA的核心专利中，高通公司已掌控其中的25%，成为业界领先的巨头之一。这使得业内从事3G产品制造与销售的企业，几乎都必须与高通公司签订专利许可合同。高通公司掌握的3G基础专利是如此之多，以至于连它的竞争对手都不得不使用它的专利。至今，3G的每一个技术标准，几乎都无法绕开高通公司，高通公司拥有其中主要核心技术的知识产权。

目前，高通公司拥有数千件CDMA及无线通信领域相关专利，其中相当一部分专利已经被全球标准制定机构普遍采纳。高通的客户及合作伙伴既包括全世界知名的手机、平板电脑、路由器和系统制造厂商，也涵盖全球领先的无线运营商。高通公司已经与全球100多家通信设备制造商签订了专利使用许可协议，并向全球众多的通信产品制造商提供了累计超过75亿多枚芯片，是世界领先的移动芯片提供商。

借助专利许可的高收益，高通公司进一步实现产业转型。其手机部卖给了日本京瓷公司，基站部则卖给了瑞典爱立信公司。即使是最核心的芯片技术，高通公司也是只研发不生产，只负责技术标准研发，并将主要精力聚焦知识产权、技术标准，从而使高通公司经历了从重资产到轻资产的蜕变。

然而，其以往所采取的将芯片和专利许可费进行捆绑销售的商业模式，使得全球几乎所有手机厂商都无法绕过高通公司。这种商业模式在使高通公司获得巨大利润的同时，也在业界引发了收费高昂的抵触心理，并成为其后来在多个国家遭遇反垄断调查的导火索。

总的来说，高通公司通过专利许可的方式获得了超高额的利润回报。截至2016年10月，高通已在包括美国、中国、加拿大、澳大利亚、巴西、德国等78个国家和地区获得了专利授权。在中国，高通公司已经与宇龙酷派、华为、中兴、TCL、小米、奇酷、天宇朗通、海尔、联想、格力等公司均签订了专利许可协议，专利许可协议数量超过100份。根据高通公司2017财年第一财季财报计算，高通第一财季营收为60亿美元，其中来自专利许可的营收为18.60亿美元，占总营收的31%。

第四节　竞争性专利池运营案例

随着技术发展，专利数量越来越多。20世纪90年代，在很多技术领域中，“专利丛林”（Patent Thickets）问题愈演愈烈。“专利丛林”的产生使新技术研发及实施成本明显提高，并极大地限制了小企业和新企业技术研发的机会。为寻求解决“专利丛林”问题的办法，相关制造业企业开始组建专利联盟，并逐渐成为专利运营的主流业态。作为一种专利丛林的解决方案，专利联盟是一个由多个专利持有者组成的组织，组织内成员可分享彼此的专利，并共同对外进行专利许可。专利联盟既有组织的属性也有明显的协议特征。它是一种介于市场和企业的中间层组织。它汇集企业所拥有的专利，通过交叉许可协议使企业能够彼此共享专利，同时统一对专利实施对外许可。专利联盟承担了市场和企业之间的过渡角色。专利联盟通过组建专利池有效整合相关专利，联盟成员通过既定的协调机制进行交叉许可，并可利用全部专利从事研究和商业开发活动，从而减少或避免因专利侵权而引发的纠纷，降低许可成本和诉讼风险，有效清除专利实施过程中的妨碍因素。同时专利池的产生有利于施行“一揽子”许可，能够避免大量的资源浪费。此外，现代科学技术高速发展使得专利联盟成为企业技术标准战略的一个重要组成部分。随着专利与技术标准间关系越来越紧密，许多企业借助专利联盟在技术标准的竞争中获得主动权。

据统计，自1993年以来，全球较为著名的专利池超过30个，例如GSM、DVD-6C、MPEG-2、IEEE 1394、WCDMA、CDMA 2000、WiMAX等。这些具有较大影响力的专利池成员主要集中在美国、德国、韩国、日本、英国、芬兰、荷兰等发达国家。从技术领域来看，这些专利池主要以计算机技术和信息技术为基础，涉及计算机工业、通信设备制造业、软件工业和消费电子工业等行业，且大部分均与技术标准绑定在一起。此外，还有一些公益性的专利池，如SARS专利池、艾滋病专利池、金色水稻专利池等。

相较于初始阶段的专利运营，此时开展专利运营的主体不再是权利人单个个体，而是由多个制造业企业组成的联盟。联盟的目的不仅在于保护自身财产权益，而是更多地关注如何以专利池形式，通过运营降低交易成本，并在市场竞争中保持优势。专利运营产业开始形成，运营规模开始扩大。

案例：美国专利池发展史[1]

专利联盟（专利池）最早出现于19世纪50年代美国的缝纫机领域。当时，由于“专利丛林”所造成的专利授权和诉讼费用的增加，拥有相关专利的企业意识到对于它们最有利的方式就是合作，建立缝纫机联合体，即专利池。1856年，缝纫机联盟成立之初共有四个成员。它们可以自由竞争，并交叉许可各自的专利。每个成员为生产的每台缝纫机支付15美元许可费。这笔费用，一小部分用于与联盟外企业的专利战，支付任何联盟专利引起的未来诉讼；拥有核心专利的伊莱亚斯·豪收取特别许可费。剩下的钱则由四个成员均分。1860年，联盟将许可费降到了7美元，伊莱亚斯·豪的特别许可费也降到了1美元。由于缝纫机领域绝大部分稳定的核心专利集中在联盟的专利池中，专利诉讼总量减少，诉讼费用大幅降低。因此，企业可以集中精力投入制造，优质改良的缝纫机得到空前大规模的生产。

1903年，美国授权汽车制造商联盟成立，共有十个成员。联盟成员持有包括核心专利赛尔登专利在内的400多件专利。联盟对外许可所有成员的汽车相关专利，并对每辆汽车收取标价1.25%的许可费，其中0.5%给艾萨克·莱斯电动公车公司，0.5%给联盟，0.25%给核心专利发明人赛尔登。依靠赛尔

[1] 曾益康．略论美国专利池的历史与发展趋势［J］．法制与经济，2015（z1）：13-15.

登专利，授权汽车制造商联盟聚敛了大量财富。鼎盛时期，联盟的被授权企业占汽车制造企业总数的87%，这些企业的汽车产量占美国汽车总产量的90%以上。1910年，联盟总共收到200万美元专利许可费，被许可人包括几十家制造商，一些许可费作为红利返回给被许可的制造企业。

1917年，航空器制造商联盟成立。该专利池完全是在政府的干预下形成的。当时飞机制造业把控在两大飞机制造商莱特公司和寇蒂斯公司手中。它们征收高昂的专利许可费，并花费大量时间和金钱用于诉讼，飞机制造业一片萧条。恰逢第一次世界大战，美国需要大量飞机。因此，在政府干预下，莱特和寇蒂斯的垄断被打破，形成了航空器专利池，包含了几乎所有美国飞机制造商。

1924年，美国无线电公司专利池成立。该专利池融合了美国马可尼公司、通用电气、美国电报电话公司和西屋公司的专利，建立了无线广播元件、频率波段、电视传输标准。

自1856年美国第一个专利池诞生到20世纪初，美国专利池的发展几乎没有受到反垄断审查的影响，法院和反垄断机构对专利池的管制相当宽松。然而，随着专利池的垄断特性表现得越来越突出，法院和反垄断机构开始愈加关注专利池的运作。

1909年，美国卫生搪瓷用品制造协会成立。该专利池包含了制造陶瓷产品的必要的核心专利，并且协会成员占领了85%的搪瓷市场。该协会的目的在于以固定价格垄断市场，并将其他相关竞争对手排挤出市场。该专利池由五个成员成立定价委员会，管理许可协议与再售协议。协会向使用该专利池专利技术生产搪瓷产品的炉子征收专利许可费，预收每天每个炉子15美元，如果被许可人遵守协议可返还80%的专利许可费。许可协议还制定了违反价格表行为的惩罚措施，被许可的生产商必须同意统一的销售价格。此外，协议还禁止被许可的生产商向那些与非协会成员有生意往来的客户出售产品。1912年，美国最高法院在Standard sanitary manufacturing co.，Ltd. v. United States一案中认定卫生搪瓷用品专利池固定销售价格违反了《谢尔曼法》。自此，美国专利池的发展开始受到严格的限制。

1945年，美国最高法院在Hartford - Empire Co. v. United States一案中解除了于1919年成立的美国玻璃容器专利池。因为该专利池虽仅由几个主要的玻璃生产商组成，却涵盖了美国94%的玻璃生产份额；这些生产商维持了一个极不合理的高价，并且排斥新的竞争者进入市场。截至20世纪60年代末，美国司法部几乎审核了全部专利池，并认定9个专利池在本质上触犯了反垄断法律。这段时期，美国专利池的数量显著下降。美国司法部门对专利池的严格反垄断审查直到1995年《知识产权许可的反托拉斯指南》颁布才得到缓解。美国司法部和联邦贸易委员会联合发布的《知识产权许可的反托拉斯指南》提出，“一定条件下的专利交叉许可和专利池有利于竞争”。由于美国司法部和联邦贸易委员会对专利池态度的转变，20世纪末与21世纪初，又有几个影响很大的专利池涌现出来。

1997年MPEG－2 Standard专利池成立。最初，该专利池的成员包括九家MPEG－2标准的专利权人。该专利池所包含的基本技术主要是数字化的移动影像与声带的传输、储存和显示。MPEG－2是通过美国司法部反垄断审查的一个现代专利池，运作模式成为现代专利池参考的经典样板。

第五节　竞争性诉讼案例

近年来，在国家基金的不断投入支持和贸易摩擦不断升级的双重因素下，我国以集成电路为代表的科技产业开始快速发展，专利数量节节攀升。与此同时，国内企业对相关行业的专利布局愈加重视，以往只在欧美、日本、韩国等国家和地区才出现的专利诉讼案件，如今在国内也时有发生。

随着我国相关法律条文对知识产权保护的加强，相关机构针对被诉侵权对象的调查也愈加严厉。而通过在特定时点挑起专利诉讼，以阻止企业上市或并购，也成了如今一些科技企业商战的工具。国内两大知名MEMS芯片生产厂家，已上市的歌尔股份和敏芯股份，曾展开了激烈的专利诉讼战。

一、15桩诉讼案，涉及赔偿超亿元[1]

歌尔股份是一家主营业务为精密零组件、智能声学整机和智能硬件为一体

[1] 肖桫．拟上市前遭对手突袭 专利诉讼成科技公司挂牌黑天鹅[EB/OL]．(2021－06－04)．https：//www. quanyibao. com/122934. xhtml.

的科技公司，主要产品为微型麦克风、MEMS 麦克风和 MEMS 传感器等。截至 2019 年年底，歌尔股份拥有将近 2 万件的专利和专利申请，在行业内居领先地位。

此番针对首次公开募股（IPO）的敏芯股份专利诉讼案主要涉及其主营业务的 MEMS 麦克风。据招股说明书披露，敏芯股份是一家以 MEMS 传感器研发与销售为主的半导体设计公司，主要产品是 MEMS 麦克风、MEMS 压力传感器等，截至 2019 年年底，公司拥有麦克风封装专利 21 件，压力传感器 8 件，其他传感器 6 件。

据数据统计，2018 年歌尔股份 MEMS 麦克风出货量全球排名第二，敏芯股份排名第四，销量步步紧逼。所谓 MEMS 也即微机电系统，MEMS 芯片可以将外界物理、化学等信号转化成电信号。MEMS 麦克风就是通过 MEMS 技术将声学信号转换成电学信号，产品主要应用于智能手机、平板电脑等消费电子，由于下游应用广泛、产品优势明显，该行业也吸引着大批公司进入，行业集中度较高，竞争较为激烈。

歌尔股份分别于 2019 年 7 月、11 月，2020 年 3 月对敏芯股份提出专利侵权诉讼，共涉及 15 桩诉讼案，合计赔偿约 1.35 亿元，诉讼内容均围绕 6 件产品相关的专利技术。时值正冲刺科创板的敏芯股份由于面临歌尔股份的专利诉讼案，使得上海证券交易所（以下简称“上交所”）取消审议上市申请。

就在市场质疑敏芯股份是否能上市成功时，敏芯股份称遭受了竞争对手的“专利狙击战”，并在上交所回复函中表示，根据审理结果，歌尔股份已撤回部分诉讼。另外，由于部分专利已到期，诉讼无效，其余案件尚未开庭处理。随后，证监会审议通过敏芯股份上市申请，专利诉讼案告一段落。

实际上，在公司 IPO 或重组过程中遭到竞争对手挑起专利诉讼案的情况数不胜数，早前的安翰科技和思立微便属其中。

二、安翰科技 IPO 受阻，汇顶科技诉思立微侵权[1]

2019 年 5 月，正冲刺科创板的安翰科技就受到竞争对手重庆金山医疗器

[1] 肖杪．拟上市前遭对手突袭 专利诉讼成科技公司挂牌黑天鹅[EB/OL]．(2021-06-04)．https://www.quanyibao.com/122934.xhtml.

械有限公司、重庆金山科技（集团）有限公司（以下简称“重庆金山”）的“专利狙击战”，重庆金山共向重庆市第一中级人民法院提交了 8 项专利侵权诉讼。

虽然安翰科技积极应对，并称对专利诉讼胜诉有十足的把握，但在 2019 年 11 月 25 日其向上交所申请撤回了上市文件。该公司方面称，由于相关诉讼涉及主营业务，且周期较长，因此终止上市。

实际上，有业内人士表示，安翰科技 IPO 之前存在大客户入股，并在增资协议约定业务贡献承诺，这就涉及利益输送或利益绑定，而在招股说明书中却向交易所隐瞒，最后被现场督导发现，保荐代表人也受到警示处罚，IPO 也遭终止。

此外，2018 年 12 月份半导体界也因竞争对手收购重组发生了专利诉讼案。案件的起因是兆易创新要收购上海思立微电子科技有限公司（以下简称“思立微”），思立微的主营业务与汇顶科技类似，都是指纹芯片和触控芯片等。其中，汇顶科技指纹芯片出货量全球第一，思立微全球第三。在证监会还未同意收购审核通过时，汇顶科技便分别于 2018 年 9 月 28 日、11 月 17 日、12 月 4 日对思立微发起诉讼，涉及的诉讼案件共 6 起，总诉讼赔付金额达 3.63 亿元。

关于科技类公司 IPO 或并购重组之前总会有竞争对手提出专利诉讼法案阻扰时，业内人士认为诉讼似乎成了惯例，但此时公司更关注的应该是掌握核心技术，摆脱低端产业链的困境。虽然我国科技企业近些年一直大踏步向前，但很大一部分还远没有技术护城河，互相间形成良性竞争才是最重要的。

第六节　以合作为基础的联盟运营案例

专利合作联盟合作运营主要包括专利集中管理和专利池两种模式。专利集中管理是将专利集中交由独立的专业运营公司管理和运营的模式。专利池是以基于标准的一组专利为纽带实现内部交叉许可，或者互惠使用彼此专利，对外发布联合许可的模式。

一、专利集中管理模式案例——RPX

专利集中管理模式典型的机构有合理专利交易公司（Rational Patent Exchange，RPX），RPX 的两位联合创始人此前均担任过高智发明有限公司的副总裁。RPX 主要针对的是专利投机者，从非专利实施主体（NPE）/专利主张实体（PAE）手中收购对股东和会员有风险的专利，保留在联盟中，原则上不卖出专利，不进行诉讼，其所拥有的专利也不会进行产品化、商品化，也不会利用它们来起诉其他公司，因此 RPX 的专利运营模式定位是“防御型专利运营”，如图 3－4 所示。

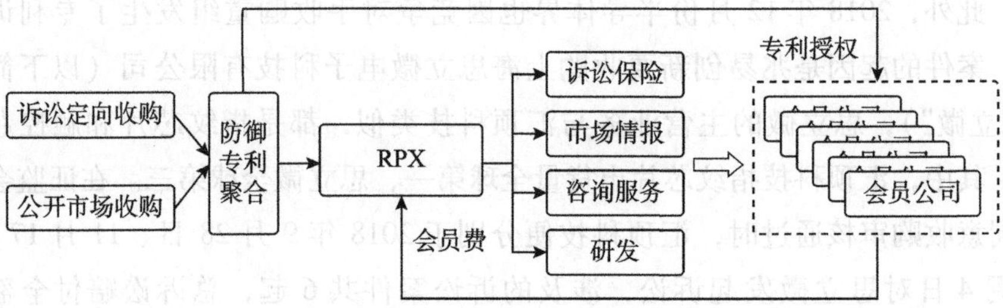

图 3－4　RPX 运营模式

RPX 通过各种渠道寻找专利卖家，包括 NPE，通过公开市场收购和诉讼定向收购两个渠道寻找专利。RPX 现拥有 3000 多项专利，涉及领域有移动终端、电子商务、行动通信、网络、数字投影和显示技术、互联网搜索等。

RPX 现有成员已超过 300 个，且大多是国际知名公司，如戴尔、IBM、诺基亚、华为、中兴通讯、英特尔、微软、三星、夏普、松下、索尼和 HTC 等。借助庞大成员咨询和谈判经验，RPX 积极协助成员评估专利，代表客户与 NPE/PAE 谈判。

二、专利池联盟运营案例——MPEG－LA

专利池模式典型的机构是 MPEG－LA，由索尼、飞利浦、哥伦比亚大学等在 1996 年共同组建，用于专门从事专利池的管理运营工作。

图 3－5 展示了 MPEG－LA 旗下主要运营音视频标准的相关专利池。

MPEG－LA 与标准化组织无关，也不从属于任何专利权人，主要帮助专利被许可人和专利权人的利益之间寻找平衡点，让用户以合理的方式使用专利，使用户从多方专利权人手中以单一交易的方式，获取必需的适用于专门技术标准的专利权，而无须单独与每一方谈判，首创了“一站式专利池管理模式”。

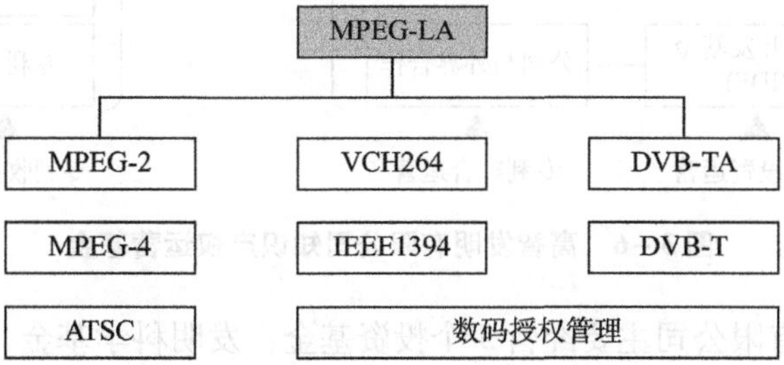

图 3－5　MPEG－LA 专利池构成

第七节　专利运营基金案例

知识产权运营基金管理主要包括由政府资金引导、社会资本参与的运营基金和主要由企业出资主导的市场化运营基金。通过整合各方专利、技术、人力等资源，搭建平台，使用直接购买、培育目标专利、专利诉讼等手段，实现化解风险、降低运营成本、提升收益等不同目的。

一、多元化发明运营基金案例——高智发明有限公司

基金管理最有名的公司属美国高智发明有限公司。该公司成立于 2000 年，是一家知识产权风险投资公司，总部设在美国的西雅图，并在全球 13 个国家和地区设有分支机构。2008 年，该公司进入中国，在北京设立分支机构。

该公司的投资活动主要采取直接收购的模式，其收购的目标不仅是已获授权的发明专利，还包括产生专利之前的发明成果，甚至只是一个好的发明创意。该公司的理念之一是支持发明家专心从事发明工作，其他的事情则交给公司来做。其知识产权运营基金的类型和运营模式如图 3－6 所示。

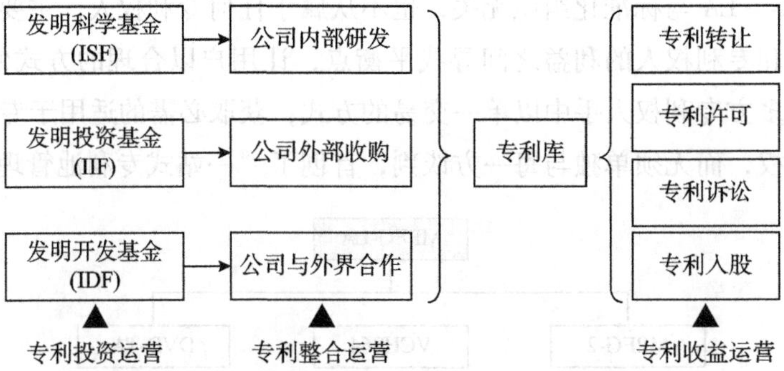

图 3-6　高智发明有限公司知识产权运营基金

高智发明有限公司主要经营 3 个投资基金：发明科学基金（ISF），侧重于内部开发的发明；发明投资基金（IIF），购买现有发明并对其授予许可；发明开发基金（IDF），主要与研究机构合作，对目前不存在的发明进行描述。

据报道，该公司在发展进程中逐步淡化了 IDF 的概念，在 2016 年 5 月 10 日将 IDF 从该公司的业务中剥离。之后又引入了全球健康发展基金（Global Good Fund）和前沿科学基金（Deep Science Fund），这两支基金保留了原 IDF 基金“合作”和“前景广阔”的特点。❶

高智发明有限公司的组织结构如图 3-7 所示。包括 6 个部门，分别管理专利购置、创新、投资、商业化、研究和运营等领域。公司共有 850 名员工，包括 300 名工程师、250 名投资金融专家及 300 名律师，其中仅诉讼律师就达到 100 人。

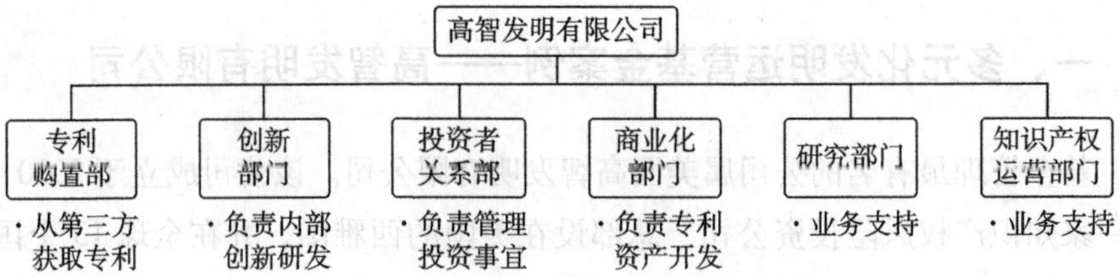

图 3-7　高智发明有限公司组织架构

公司成立以来，已通过投资基金（基金规模在 50 亿美元以上）购买了大

❶ 张雯，庞弘桑，胡正银．专利运营基金发展调研综述及相关启示［J］．世界科技研究与发展，2020（1）：11.

约7万项科技类“IP资产”，从核能到照相机镜头，其专利资产所覆盖的技术领域范围十分之广。报告的统计数据表明，该公司自2000年在美成立，至今拥有专利数量超过5万件，实际投入不到30亿美元，收益已超过45亿美元。该公司已购买超过30 000项专利，并拥有不低于2000项的自创发明。

微软、三星、谷歌、苹果、诺基亚、亚马逊、ebay等跨国公司竟然同时是高智发明有限公司基金的发起人或战略投资人，充分表明了专利运营中错综复杂的市场竞争和合作关系。

二、知识产权平台基金案例——日本生命科学知识产权平台基金

日本专利运营以公私合营为主，第一支专利运营基金成立于2010年8月，名为生命科学知识产权平台基金（Life Science Intellectual Property Platform Fund）。这支基金的名称揭示了其重点关注的领域是生命科学。具体而言，是在日本政府的担保下，围绕生物标记、胚胎干细胞、癌症和阿尔茨海默症这四个现代医学研究热点开展专利孵化、专利诉讼、专利交易等运营活动，构建专利池和专利壁垒，提升企业的专利诉讼防御能力，其运营模式如图3－8所示。[1]

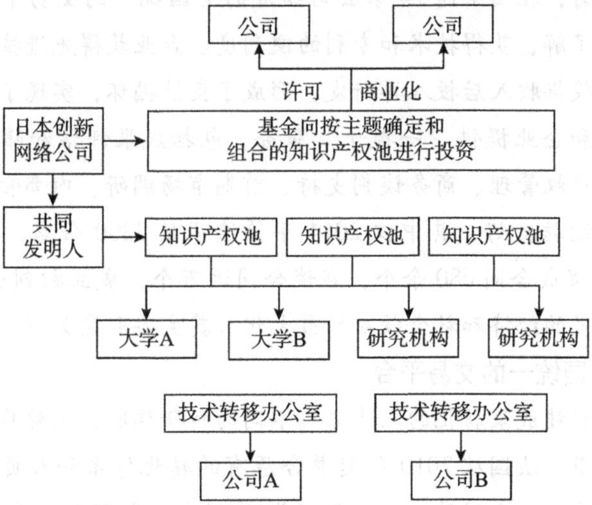

图3－8　日本生命科学知识产权平台基金运营模式

---

[1] 张雯，庞弘燊，胡正银．专利运营基金发展调研综述及相关启示［J］．世界科技研究与发展，2020（1）：11．

第八节 专业化交易平台运营案例

作为双边市场理论的核心概念，“平台”是一种市场交易场所，也是一种市场交易机制。作为一种组织的制度安排，市场平台为其中的企业提供了行为互动的基础。多个具有不同功能的、开放的子平台相互连接形成一个系统，即市场平台体系。市场平台体系运行的最终目标是实现高效有序的市场交易。

目前，国际专利技术市场交易平台化发展趋势日渐凸显。包括如全球最大的网络技术交易市场平台 Yet2. com、美国的国家技术转移中心（NTTC）、欧洲创新转移中心（IRC）、德国创新市场（IM）、日本 Technomart、韩国技术交易所（KTTC）等。

交易平台案例——法国技术和知识产权交易平台

2010 年以来，法国政府联合 160 余家公共科研机构，陆续成立了 14 家技术加速转移公司。以科研机构作为股东，将其研发的技术和专利就近独家委托给其中一家公司，在由上述 14 家公司组成的全国统一的交易平台上推广，极大提高了企业了解、获得技术和专利的便利度。企业获得先进技术增强了竞争力，科研机构获得收入后投入再研发，形成了良性循环，实现了多赢。该平台还为研发机构和企业提供“一揽子”服务，包括成果评估和筛选、技术孵化和投资、知识产权管理、商务谈判支持、前期市场调研、内部管理培训等。该平台成立以来运转良好，其中仅 2014 年筛选项目 2300 余家，投资资金超过 8000 万欧元，促成合同 680 余个，在谈合同近万个，成立初创企业 230 余家，实现了科技成果的经济和社会效益的最大化。其主要职能如下。

1. 成立全国统一的交易平台

之前负责科技成果转化的人才分属不同的科研院所，呈碎片化分布，各自为战，效率低下。法国从 2010 年起整合原有的转化体系和人员，实现“一个地点、一个柜台、一个网站、一个团队”的模式，科研院所和研究人员专心研发，该平台全权负责成果转化及法律和市场咨询，简化了技术和专利供需双方的工作，提高了转化效率。

2. 设立专项投资转化基金

长期以来，法国对处于成熟阶段的技术投资的战略意义“意识有余、资金不足”，有“重研发、轻转化”的传统。为此，法国设立专门以成熟阶段技术为投资对象的国家级专项资金，配合交易平台负责技术融资，协助完成概念论证并申请专利。此外，投资10亿欧元，设立科技成果转化基金，将转化阶段的投资提高至研发总经费的1%，为转化提供全程融资和咨询。

3. 实行市场化企业化运作

原有科技转化体系封闭独立，业绩平平。该平台的公司吸纳公共研究机构持股67%，法国信托局代表国家持股33%且拥有否决权，内部管理制度完善，知识产权、技术投资和孵化协调等团队专业化，参考国际评审委员会意见决定融资项目，接受政府外部评估，计划在10年内全部通过自有资金运转。

4. 在分散的基础上集中展示

该平台结合原有体系分散办公、就近服务研究机构的优点，14个公司按照负责地区范围，不仅为研发机构提供除研发以外的所有相关服务，还有专职驻点工程师一起参与日常研发。同时，所有科技成果在同一网站、同一展台集中展示，降低需求企业的时间和资金成本，提高科技转化效率。

5. 主动融入创新生态圈

该平台摒弃所有体系彼此独立运作，缺乏对外合作的缺点，与法国专利主权基金、孵化器、竞争力集群、法国公共投资银行及诸多投资基金签署合作协议，建立密切联系，深度融入已有的创业生态圈并发挥积极作用。

第四章　中国专利运营的发展基础及政策导向

相较国外，我国专利运营产业的发展起步相对较晚。我国第一部《专利法》于1985年开始正式实施。在专利制度建立初期，由于专利数量较少、专利保护意识较弱等原因，我国专利运营仅限于普通的专利转让、许可、作价投资等简单模式。随着我国加入WTO，一方面，中国企业在走向海外的过程中不断遭遇“专利危机”，如2002年6C联盟向中国DVD厂商索要专利费；另一方面，国际知名知识产权运营公司进入中国开展专利运营，如高智发明有限公司进入中国市场开展发明投资。在此背景下，我国企业对专利重要意义的认识不断加深，开始尝试专利池、专利质押融资等较为复杂的专利运营模式。

近些年，我国专利数量显著提升，深入挖掘和实现专利价值的需求日益激增，专利运营得到了政府、企业、高校、科研院所、服务机构等诸多主体越来越多的关注和重视。目前，中国专利运营产业正开始朝着专业化和体系化的方向发展。

第一节　中国专利运营战略的由来与基础

党的十八大将“创新驱动发展”作为国家战略，要求提高科技成果转化能力，完善科技创新评价标准、激励机制、转化机制。党的十九大要求坚持创新发展理念，对加快创新型国家建设进行了全面部署，特别强调要“促进科技成果转化”“强化知识产权创造、保护、运用”，为我国科技成果转化和知识产权运用指明了方向。

“专利运营”这一概念早在2011年国家知识产权局颁布的《全国专利事业发展战略（2011—2020年）》中就已出现，随后在数份国家知识产权局颁布

的规范性文件中也多有提及，但对其内涵并未明确加以界定。❶

近年来，国家知识产权局和财政部、科学技术部等有关部门，制定发布了一系列促进知识产权运营的政策，通过构建运营体系和培养运营人才等措施大力促进知识产权运营，知识产权质押贷款、知识产权转让许可数量和收益实现较快增长。

从全球专利运营产业的演进脉络来看，国外专利运营产业的发展已经较为成熟，包括美国高智、谷歌、苹果等公司在内的很多企业通过专利运营取得了巨大的成功。但同时也发现，专利运营产业的发展环境正变得越来越复杂，受到经济全球化的影响，以开放式创新和价值链竞争为典型的创新和竞争模式导致专利运营产业发展面临的挑战越来越严峻。伴随国家对专利运营工作的重视程度的不断提升，我国专利运营产业的发展也迎来了重要机遇期。

面对复杂的现实发展环境，专利运营产业对我国经济发展的支撑性作用并没有得到有效体现。在当前形势下，有必要尽快了解我国专利运营产业发展的现实需要，破解影响专利运营产业发展的关键问题，进而厘清我国专利运营产业的发展逻辑。

一、推动技术创新发展

（一）开放式创新需要产权明晰激励

随着世界多极化、经济全球化的进一步发展，开放式创新已经成为我国技术创新发展的主流模式。相较传统的“内部研究和创新”的封闭模式，开放式创新注重已有成果的应用和发展，行业界限变得模糊，创新资源得以在企业和企业、企业和相关组织之间快速流动和共享。因此，各类创新主体对外部创新成果的需求和依赖程度更加强烈。两种创新模式的具体差异见表4－1。

❶ 马碧玉．专利权运营活动解构及其必备要素分析［J］．中国科学院院刊，2018，33（3）：234－241.

表4-1 封闭式创新与开放式创新的差异比较[1]

项目	封闭式创新	开放式创新
创新来源	为我们工作的员工都是本行业里最聪明的人	并不是所有的聪明人都为我们工作，企业需要和内部、外部的所有聪明人通力合作
	为了从研发中获利，企业必须自己进行发明创造，开发产品推向市场	外部研发工作创造巨大的价值，内部研发工作需要或有权利分享其中的部分价值
创新的商业化运用	如果企业自己进行研究就能首先把新产品推向市场	企业并非必须自己进行研究才能获利
	最先把新技术转化为产品的企业必将胜利	建立一个更好的企业模式要比把产品争先推向市场更为重要
	如果企业的创意是同行业内最多的，那么企业一定能在竞争中获胜	如果企业能充分利用内部和外部所有好的创意，那么就一定能成功
	企业应当牢牢控制自身的知识产权，从而使竞争对手无法从其发明中获利	企业应当从别人对其知识产权的使用中获利，同时如果发现使用别人的知识产权模式能提升或改进本企业绩效的，同样应该购买别人的知识产权

如图4-1所示，在开放式创新模式下，企业与竞争者、用户、供应商、科研机构等通过协同合作、技术扩散等方式，形成创新网络，创新活动由原来的孤立系统走向开放的、互相关联的、非线性的网络结构。企业的技术资源的流入或流出都是动态和开放性的，从而形成技术创新发展过程中技术所有权、技术使用权、技术支配权和技术收益权在不同创新主体间不同占有比重的多种组合。在该创新模式下，各创新主体之间是一种更为松散的组织关系，通过在技术链、产业链及价值链上的分工协作，形成了一种高效的价值创造机制。[2]

---

❶ Chesbrough, H., Open innovation: the new imperative for creating and profiting technology [M]. Boston: Harvard Business School Press, 2003.

❷ 刘文涛. 开放式创新环境下技术创新面临的挑战 [J]. 科技管理研究, 2012 (3): 12-14.

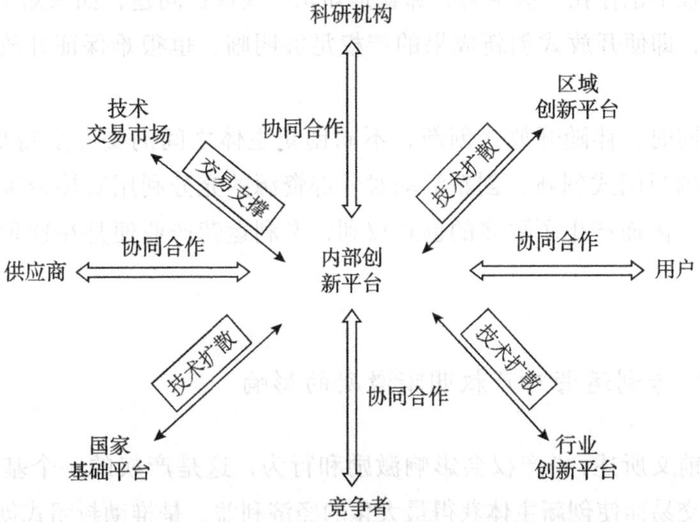

图4-1　开放式创新模式下企业外部创新网络

然而，无论是封闭式创新还是开放式创新，经济利益是其共同追求。创新所能带来的收益对创新者的积极主动性有很大影响，而创新的回报又受到成果的产权归属安排及保护状况的影响。经济学家迈克尔·波德因（Michele Boldrin）和大卫·K. 莱维恩（David K. Levine）在其著名的报告《完全竞争的创新》（*Perfectly Competitive Innovation*）中指出："完全竞争的市场是完全有能力对创新进行回报的……在我们的完全竞争的假设下，企业家对他们的创新拥有'明确的（well-defined）'产权。"也就是说，产权清晰对技术创新具有正向的激励作用。

相较封闭式创新，开放式创新模式对产权明晰的诉求更高。事实也表明，无论是国外如英特尔公司的外部资源应用模式，还是国内如华为公司的开放式创新平台模式，其模式之所以能够取得巨大成功，产权明晰是创新过程中的重要前提。一方面，明晰产权有助于明确相关主体的权利和义务，明确相关主体可能要承担的风险和可获得的收益。这既是市场经济运行的基本规律和要求，也是开放式创新主体间合作的基础。另一方面，明晰产权也有助于减少开放式创新过程中的产权争议，从而在很大程度上降低由争议引起的成本。更重要的是，由于产权处分结果与产权主体自身的利益紧密相关，产权是否清晰将直接影响其对创新主体的激励效果，进而影响产权效率。当然，开放式创新在中国的应用过程中也存在一些阻碍，那就是知识产权保护问题，如果知识产权保护力度不够，即便开放式创新成果的产权足够明晰，也很难保证开放式创新的成功。[1]

与此同时，伴随开放式创新，不同创新主体之间的交互变得更为频繁。相较传统的封闭式创新，创新活动对外部资源的充分利用直接带来了创新效率的提升，因而产生了更多的创新权利，专利运营产业便是在这种背景下产生的。

（二）专利运营对产权明晰激励的影响

正如前文所述，"产权会影响激励和行为，这是产权的一个基本功能"。通过市场交易而使创新主体获得最大化的经济利益，是推动封闭式创新向开放式创新转变的根本动力，而产权明晰是交易的前提。唯有市场主体对其进行交易的标的拥有明晰的、唯一的并且是可以自由转移的产权，市场交易才得以顺利进行。科斯的第一定理及第二定理的分析完全是建立在产权初始明晰的假设之上的。在《联邦通讯委员会》一文中，科斯阐述第一定理时，强调了这一观点，他说：权利的明晰是市场交易的基本前提，最终结果（促进产值最大化）与法律判决无关。当市场交易无法为创新主体带来足够的收益时，产权制度也难以真正实现创新激励效应。

专利运营作为一种将产权化的创新产出转化为现实生产力的过程，其本质上是将创新投资转化为产权收益的过程。通过专利运营能够实现产权收益，从而有助于平衡创新投入与产出，实现产权激励效应。专利运营以产权明晰为前提，通过不同的专利运营模式，能够有效推动所有权、使用权、用益权等权利在所有者和经营者间有序流动。伴随创新范围、组织和行为的变化对产权的外部性制度需求持续放大，专利运营不仅能够帮助私有产权实现对创新发展的激励作用，在公有产权条件下，通过对产权束的分离和组合，也可以产生不同的专利运营模式，实现有效率的产权制度安排。

---

[1] 国彦兵. 新制度经济学［M］. 上海：立信会计出版社，2006.

二、加快要素市场化改革

（一）创新资源要素的市场化改革

为了有效盘活科技创新成果，真正实现创新驱动发展，需要尽快推动以创新资源要素为核心的市场化改革。强化技术创新中的市场导向，根据市场需求选择技术研究方向、路径，充分发挥市场在创新资源配置中的主导作用。处理好国家财政资金与企业特别是与民营企业的关系，加大财政投入，完善政府补贴，鼓励企业将财政资金资助获得的科技成果进行转化。同时，亟须打通科技创新体系中企业、政府、高校和科研机构之间的阻碍，实现人才、资本、技术、知识自由流动，不同创新主体之间加强合作、协同创新。人才、知识等创新要素在自由流动中优化重组，将使创新活力竞相迸发，创新价值得到更大体现，创新成果转化和资源配置效率大幅提高。

与此同时，以核心技术为主体或基础的“知识资产”是创新资源要素最重要的一种表现形式，也是形成创新主体竞争能力所必需的资源。具体到专利而言，作为科技成果产权化的一种表现形式，更是当前创新主体塑造核心竞争力所必需的资源。本质上讲，专利制度本身是市场经济的产物，其对科技成果的产权进行了必要制度安排。在市场经济条件下，产权主体行使处分权，其目的是使产权发挥更好的效用，获得更高的产权收益。所以说，任何一项产权都涉及效率问题，而产权效率主要包括间接的社会效率和直接的经济效率两个方面。但是，当前专利交易或经营对经济、社会的贡献度并没有得到有效体现，专利创造水平与专利转化水平严重失衡，产权效率低下。因此，需要尽快推动以专利为核心的创新资源要素市场化改革进程。

（二）专利运营对产权效率提升的影响

创新资源市场化改革的核心是解决资源配置的公平和效率问题，它是由连通资源供给与需求供给的一系列过程组成的。经济学上，效率标准就是资源配置的“帕累托标准”，应用于产权经济学中，指任何产权制度的调整都不可能使社会资源再配置实现更大产出或更高福利。一般效率体现为投入与产出之比，投入可有多种选择，每项投入均伴随着机会成本的比较，同时效率存在微观与宏观区别，因此，判断效率必须考虑四个方面的因素，即投入、产出、机会成本、社会效果。[1] 产权效率实际就是单位交易费用所实现的有效收益，可用公式表示为：产权效率 =（产权运行收益 - 产权运行成本）/产权运行成本。可见，在产权运行成本既定的情况下，产权收益越多，产权效率越高。现实中，制度改革本身并不能直接促进产权效率的提升，还需借助专利运营活动将产权化的科技成果转化为产权效益，充分发挥专利权的价值，为创新主体带来最大化的产权收益，才能促进产权效率的提升，进而实现创新对经济、社会发展的支撑效应。

与此同时，专利运营活动本身包括了高校、科研院所、服务机构、专业组织以及制造和金融类企业在内的各类主体，在多元化主体的参与下，专利运营活动集聚了包括人力、物力和财力在内的各类创新资源要素。依托专利运营活动，不仅有助于推进创新资源要素的市场化改革，解决创新资源要素配置的公平问题，还有助于平衡创新的投入与产出，实现创新资源要素配置效率的提升。

三、强化产业国际竞争力

（一）产业价值链攀升对产权动力的需求

自20世纪60年代起，在第二波全球化浪潮中，全球经济体之间的联系日益加强，产业分工的范围也扩展至全球，全球市场的竞争也变得更加激烈。以要素的比较优势为基础、以产品为主体的竞争模式被打破，企业开始直接探寻关键资源能力的效率潜力，专注于密集使用关键资源能力的生产环节，以效率优势巩固市场地位，并与其他企业组成价值网络，完成产品的生产过程。例如，英特尔、耐克、富士康等跨国企业巨头，它们并不参与完成产品的所有功能，而仅仅控制价值链的某一环节，以模块的形式承担产品的某项功能并专注于其创新和升级。这种新的国际化生产过程将产业国际竞争的重点聚焦到全球产业价值链。是否能够在价值链上占据更高、更有利的位置成为能否保持国际

[1] 刁永祚．产权效率论［J］．吉林大学社会科学学报，1998（1）：73－76.

竞争优势的关键所在。然而，自改革开放以来，尽管我国通过参与全球价值链分工使国家经济得到迅速发展，但我国仍处于工业化进程中，与发达国家相比还有较大差距。当前，我国产业发展普遍存在信息化水平不高、国际化程度不够和全球化经营能力不足等问题，很多产业结构仍处于全球价值链分工中的低端位置。尤其是制造业，2009 年起我国制造业规模超过美国，成为全球第一制造大国。优势集中在制造环节的产业格局，使得我国制造业在全球化发展中融入全球价值链治理结构，研发和营销两端的积弱，形成了我国制造业以价格竞争为主的低端生产能力过剩格局。即我国属于制造大国，同时面临处于全球价值链分工体系的中低端的情况。

根据学者们的观点[1]，从低利润的制造环节向利润丰厚的设计和营销等环节跨越，或从原有价值链借助技术突破进入新的价值链，即进入新的产业领域，正是产业升级中的功能升级和跨领域升级阶段。从国外学者的研究来看，在全球价值链中，知识产权能够为企业带来主导优势。全球价值链嵌入对产业升级的影响主要通过作用于企业的创新能力、制造能力和营销能力得以实现，这些能力的构建都离不开知识产权的强化。而现实中，强化知识产权保护与控制也成为发达国家巩固、加强其在国际竞争中的优势地位的主要手段。伴随我国产业转型升级的不断深入，为了提升在国际产业价值链中的地位，我国政府相继出台了一系列的政策。包括《中共中央 国务院关于深化体制机制改革加快实施创新驱动发展战略的若干意见》《中国制造 2025》《关于新形势下加快知识产权强国建设的若干意见》等在内的政策文件均明确了知识产权对于我国产业转型升级以及在国际产业价值链攀升中的重要作用，并从重点产业领域的知识产权储备、布局、运用等方面提出了重点任务。当前，我国的产业仍然以劳动密集型和资金密集型为主，并且同时面临着产业升级和国际分工地位提升的双重困境。要破解这一困境，需要强化对全球价值链中知识产权的占有与控制，凸显知识产权在产业价值链攀升过程中的重要促进性作用。

（二）专利运营对产权动力的影响

基于其权利独占性而带来的市场价值的实现，专利运营是专利制度激励作

[1] Humphrey J, Schmitz H, Schmitz H. Local enterprises in the global economy: issues of governance and upgrading [M]. Cheltenham: Elgar, 2004: 1-19.

用有效发挥的重要途径。一项专利技术通常需要经历发明、生产和商用三个阶段，才能够实现其经济价值的回报。而专利运营作为产权交易的重要手段，能够运用专利制度提供的专利保护手段及专利信息，通过不断的明晰产权与创新要素市场化改革，谋求最佳的经济回报。专利运营以最大化地实现专利权价值为目标，在为创新主体带来经济收益、充分发挥产权激励效应的同时，也有助于促进和支撑创新企业从产业价值链的低端向高端跨越，实现产权的动力效用，推动我国产业在国际竞争中实现价值链的攀升。

第二节　中国专利运营面临的问题

一、中国专利运营建设所要解决的核心问题

在中国经济进入新常态的背景下，创新成为驱动国家发展的全局性战略举措，体现出了强烈的国家意志。从创新驱动发展的基础条件来看，我国已经具备成为世界创新强国的客观基础，科研经费投入、科技人员数量、专利拥有量可视为衡量各国创新能力和水平的三大关键性指标。截至 2018 年年底，我国科技人力资源总量达 10 154.5 万人，规模继续保持世界第一，牢牢占据世界科技人力资源第一大国的地位。[1] 2019 年，我国研究与试验发展（R&D）经费总计为 2.21 万亿元，成为仅次于美国的世界第二大科技经费投入大国。[2] 2020 年，国家知识产权局共受理发明专利申请 149.7 万件，位居世界首位，其中国内发明专利申请（含港澳台地区）为 134.5 万件。

产权是信用和秩序的基础。追求产权并拥有更多的产权，是市场经济条件下市场主体进行创新的动力所在。要加快创新驱动发展，突破科技体制机制改革的困境，别无他法，唯有尊重市场规律，重新将改革的重点聚焦在产权界定、所有权归属和产权变更的制度设计上。

知识产权制度是现代市场体系中最重要的产权安排之一。充分发挥知识产

[1] 中国科协调研宣传部，中国科协创新战略研究院. 中国科技人力资源发展研究报告（2019）——科技人力资源与政策变迁［M］. 北京：中国科学技术出版社，2020.

[2] 国家统计局，科学技术部，财政部. 2019 年全国科技经费投入统计公报[R/OL]. (2020－08－27). [2020－08－27] https://www.gov.cn/xinwen/2020－08/27/content_5537848.htm.

权制度的作用，并非仅取得大量的专利权这么简单，而是以专利权为创新的利益纽带，将创新和投资联结起来，以资本驱动创新、以权益激励创新。因此，通常情况下，专利运营对应的英文应为“Patent Operation”，而在本书中，按照笔者对专利运营的理解和思考，更愿意将其译作“Patent Activation”，取其激活市场、激活投资、激活创新之意，将专利运营视为配置创新资源、吸引创新投资、实现创新效益最重要的市场机制。

二、如何构建中国专利运营体系

在完全竞争的市场结构中，市场在资源配置中起到决定性作用。但现实中，完全竞争只是理论上的假设。在垄断、外部性、信息不对称的情况下或在公共物品领域，仅仅依靠市场难以解决资源配置的效率问题，必须通过政府干预配置资源。尽管专利运营是完全意义上的市场机制，但是要使它真正发挥作用，同样有赖于政府的积极干预，才能解决市场失灵的问题。在专利运营的过程中，政府和市场的作用不是对立而是互补。

在这一点上，中国的情况不同于国外，甚至一定意义上政府的作用恰恰是最突出的创新优势或者说是中国专利运营体系的最大特点。建立中国专利运营体系离不开市场和政府双轮驱动。一方面，让市场在资源配置起到决定性作用，充分发挥企业作为创新主体的作用；另一方面，要发挥政府的积极作用，克服市场的短期行为。政策、信息和服务是支撑专利运营发展的三要素。政府对专利运营的干预不是具体参与到微观的资源配置中，而是要通过构建专利运营制度、信息和公共服务的供给体系来实现。要用好政府“有形的手”，必须根据不同的阶段确定发挥作用的重点和方式。具体表现在以下几方面。

（1）政策的重要性主要表现在：中国目前最主要的、质量最高的专利资产来源于过去二十年国家财政投入产出的专利。但由于受国家财政资助，这些产权均归属国家所有，导致发明人的积极性受到抑制。甚至出于“经济人的理性”，接受财政资助的发明人不愿意申请专利或者以其他途径转移创新高质量的专利资产很难进入市场交易，在后续研究开发的合作中也困难重重。由于缺少相应的政策支持保障，无法有效统计每年国家政策资助项目产出的专利数量，也无法有效确定专利转化的途径和产生的价值。在这样的背景下，不可能实现产权的有序流转和资源的有效配置。黄仁宇提出数目字管理（Mathematical

Management）的观点，其中提到我国目前尚未完全实现如实计算创新资源和精确化管理。因此，构建中国专利运营体系第一步要在政策层面解决的问题是清晰界定创新成果的产权边界和产权归属。同时要建立必要的约束机制，对国家财政资助的创新成果权利取得和权益分配做出明确的规定，并须通过专利标识的方式建立可溯及的产权登记系统，建立规范的市场交易方式和信息披露制度，逐步摒弃由国家财政资助开展的专利转让行为，以及对此行为进行行政审批的管理方式。在建设中国专利运营体系中，很重要的一点考虑是要加强政策的系统性和体系化，使得政策之间能够环环相扣、互为支撑，防止碎片化。

（2）信息对于专利运营的重要性则表现在：在专利运营中，无论是明晰产权关系，还是建立激励和竞争机制，最重要的是要解决信息不对称问题。从权利类型上看，专利属于信息产权。专利运营的定价机制依赖于专利权的主体、客体、法律、经济及技术特征的信息。这些信息均掌握在政府的手中。因此，信息的披露对专利运营至关重要。信息披露的渠道、方式、时机都决定了信息的有效性。建立信息集中发布、内容全面、获取便利的信息平台对于专利运营是非常必要的。要在平台上实现与国家专利审批系统和产权登记系统的信息交换，并逐步以此为核心形成与产业经济数据全面融合的专利运营大数据。

（3）资本对于专利运营的重要性表现在：对于一个尚在发展中的产权交易市场雏形，很难短时间内形成市场的流动性。投资行为是否活跃取决于市场中产权保护的力度和信息公开的程度。政府通过资金扶持鼓励资本开展专利运营对于激活市场、增加市场的吸引力和流动性可以发挥重要的引导作用。由政府出资，吸纳社会资本共同成立专利运营基金的方式在各国发展专利运营产业过程中起到了重要的作用。要在平台上推动设立国家主权专利基金，并要求各省（区、市）重点产业专利运营基金依托平台开展业务，以信息服务集聚资本。

专利运营的政策实施、信息公开和资本运作，均需要信息化基础设施的支撑。在以往的国家创新体系建设中，较多地考虑要素的投入和配置，但却没有关注相应基础性设施，导致政策难以协调，管控措施无法落地，创新资源融合不够。而在其他国家的专利运营实践中，很难由政府主导建立大型的信息化专利运营基础设施。完全依靠市场自我发展和自我调节，事实上恰恰是国外专利运营所面临的困境和瓶颈。

基于上述考虑，我们要紧紧围绕产权制度，从技术、经济和社会的角度全面讨论中国专利运营体系的构建方式，将建设全国性的专利运营交易和公共服务平台作为核心基础设施，并将其嵌合在国家创新体系中。

三、构建什么样的中国专利运营体系

我们观察人类漫长曲折的创新史，不难发现，从农耕时代到工业化时代再到信息化时代，创新的组织方式不断变化，并呈螺旋式的演进态势。在农耕时代，创新往往只是个体隐秘的探索行为，零散随机地出现。直到专利制度的建立，明确以公开换取垄断的原则才得以推动技术的扩散，一批革命性的发明创造得以问世，并直接催生了工业革命。进入工业化时代，社会分工越来越精细，科学研究越来越深入，个人很难同时掌握多学科的复杂知识。创新开始有组织地进行，大型企业、大学和科研组织成为主要的创新主体。信息化时代的到来则使企业之间的边界趋于模糊，协同创新成为企业应对外部创新环境变化的必然选择，并不断涌现出重大创新。然而，创新趋向集中组织的方式在互联网时代却被颠覆，大众重新回到创新的中心舞台。

当我们感受到移动互联网无所不在的时候，就一直思考在“互联网 +”时代如何构筑新的创新生态体系。我们看到，借助互联网，成千上万的电子商务平台充分对接大众消费和商品交换的需求，形成了互联网的消费生态；而以德国工业 4.0 等为代表的制造业战略相继提出，智能化制造网络未来将对接起生产制造和市场需求，构建了互联网的工业生态。那么，我们能否建设新的创新服务平台，以线上线下服务的方式对接创新者与投资者，创造出互联网的创新生态？

互联网的出现和发展，大大降低了人们获取新技术的难度，人与人之间建立起更加紧密的联系，人们较以往任何时代都更加容易实现知识共享和知识扩散。中小企业甚至使个体创新重新爆发出巨大的威力。SpaceX 公司火箭的发射成功标志着中小企业和私人资本可以涉足航天发射等门槛极高的垄断领域。美国页岩油气的开发更具代表性。页岩气开采技术复杂、充满不确定性，传统的油气勘探巨头不敢轻易涉足。但依托美国高度社会化的专业分工体系，前端由大量中小企业取得技术创新并申请获得专利保护，中间通过专业化服务以关键专利技术对接资本获取投资，后端则通过大公司收购或合资中小企业，推动实现页岩气规模化发展。这种方式的背后就是完整的专利运营市场链条。

在互联网时代，创新组织方式趋于开放式、扁平化、平等化，任何主体、任何组织都可以参与创新。预想在新的创新生态中，创新主体具备高度自治的特征，以专利运营为组织形式，无论类型和大小或是规模和行业，企业、大学、个人都将成为某一具体的创新节点，并以专利权为利益纽带彼此连接成为新的单元，创新由线性方式转为非线性方式。随着新技术的涌现，任何一个节点都可能成为阶段性的中心。中国作为最大的发展中国家，具有一流的创新人才、基础设施和专利资产，专利运营作为新的创新组织方式必将激活所有的创新者和投资者，带动中国新经济的创新裂变。

面对互联网、云计算和大数据创造的历史机遇，新的国家创新体系正在孕育发展，开展专利运营恰恰是我们当下追赶世界科技创新的最佳路径和最优策略。专利运营过程中将与产业互动产生海量的大数据，而相应的云计算将有助于我们更好地把握创新不可控制、不可预知、不确定的客观规律，并通过互联网的联接形成多元化、分散式、网络式的创新方式，聚合创新资源、分散创新风险，提高系统的创新成功率。专利运营是市场竞争中的动力机制，能够适应创新系统的多样性和复杂性，并使得创新系统与环境之间表现出高度的适应性和很强的稳定性。在新一轮的科技革命和产业变革中，中国通过率先构建以互联网服务平台为核心的专利运营体系，完全可以利用后发优势实现赶超，实现创新从跟随者到引领者的转变。

第三节　中国专利运营的政策梳理

知识产权具有资源、财产和权利的多重属性。知识产权运用是对知识产权的资源、财产和权利特性加以利用、谋取竞争优势或赚取收益的活动。在此，资源利用是基础，权利运行是保障，财产经营是目的。资源利用和权利运行构成知识产权的竞争性运用，权利运行和财产经营构成知识产权运营。知识产权运营是通过知识产权转让许可、知识产权作价投资、生产销售知识产权产品及直接相关技术服务等实现知识产权直接经济收益的商业性运行和经营活动，也包括支撑获取直接经济收益的质押融资、托管和诉讼等间接活动。

知识产权运营同样离不开知识产权检索分析、质量管理、风险防范、价格评估和集中管理，虽然这些活动在严格意义上并不属于运营本身，但却是提升专利运营质量和效率的基础前提。

知识产权运营，源自科技成果转化，不仅是科技成果转化的重要内容，也是科技成果转化在新阶段的发展。知识产权运营政策，是科技成果转化的核心政策，是最有效的科技成果转化政策。

1996 年颁布、2015 年修订的《中华人民共和国促进科技成果转化法》明确规定的科技成果转化五种方式中，就包括了转让、许可、作价投资、自行实施或合作实施等主要知识产权运营模式。2016 年国务院印发《实施〈中华人民共和国促进科技成果转化法〉若干规定》，国务院办公厅印发《促进科技成果转移转化行动方案》，更是从体制机制和业务体系上对知识产权运营进行了规定或指导。

但是，知识产权运营具有与科技成果转化不同的规律和特点。知识产权运营的本质是知识产权资本化，使知识产权资本在流动中保值和实现价值增值。虽然转让、许可和质押等是知识产权运营的主要方式，但科技成果转化存在缺乏知识产权保护，科技成果权属界定不清，科技成果认定难、评估难，科技成果转化纠纷不断等问题，主要原因在于没有充分把握知识产权运营的特点和规律。知识产权运营，不仅强调知识产权保护客体即财产属性的经营，而且更加重视知识产权权利属性的运用。因此，国家知识产权局等有关部门制定了一系列促进知识产权运营的政策。

总体来看，我国知识产权运营政策主要分为以下三类。

一、专利导航政策

国家知识产权局于 2013 年 4 月发布《关于实施专利导航试点工程的通知》(国知发管字〔2013〕27 号)，启动实施了专利导航试点工程。专利导航试点工程确定了重点任务，明确要求要成立专利运营机构，开展专利运营。为此，国家知识产权局分类搭建了专利导航试点工程工作平台，布局建设了一批国家专利导航产业发展实验区和专利协同运用试点单位。2013 年 8 月，国家知识产权局发布了国家专利导航产业发展实验区、国家专利协同运用试点单位和国家专利运营试点企业名单。2015 年，为推进专利导航工程，国家知识产权局制定印发了《国家专利导航产业发展实验区建设工作指引》《国家专利协同运用试点单位培育工作指引》和《国家专利运营试点企业培育工作指引》等政策，还印发了《国家专利导航产业发展实验区申报指南（试行）》和《国家专利协同运用试点单位申报指南（试行）》等政策文件。

我国各地知识产权部门以知识产权强省、知识产权强市建设为契机，以专利导航和分析评议为抓手，开展了一系列产业专利分析、知识产权协同运用和知识产权储备运营工作。

二、知识产权运营体系建设政策

为落实国务院《国家知识产权战略纲要（2008—2020年）》（国发〔2008〕18号）等文件精神，国家知识产权局和财政部2014年商定投资建设全国知识产权运营公共服务平台，还分别投资在广东珠海和陕西西安试点建设面向创业投资的知识产权运营特色分平台和军民融合知识产权运营特色分平台。为推进全国知识产权运营体系建设，财政部办公厅、国家知识产权局办公室2014年12月印发《关于开展市场化方式促进知识产权运营服务工作的通知》（财办建〔2014〕92号），提出“2014年支持在北京等11个知识产权运营机构较为集中的省份开展试点，采取股权投资方式，支持知识产权运营机构”。国家知识产权局2015年初发布《2015年全国专利事业发展战略推进计划》，提出“高标准建设知识产权运营体系”，“按照‘1+2+20+N’的建设思路，建设1家全国性知识产权运营公共服务平台和2家特色试点平台，在部分试点省份以股权投资的方式支持一批知识产权运营机构”。通过评审，国家知识产权局选择北京智谷睿拓技术服务有限公司等涵盖高校、科研机构、国有技术交易机构和社会知识产权服务机构在内的20家企业开展股权投资试点。

为进一步促进全国知识产权运营体系建设，国务院2015年12月28日发布的《关于新形势下加快知识产权强国建设的若干意见》（国发〔2015〕71号）提出，“构建知识产权运营服务体系，加快建设全国知识产权运营公共服务平台”，并将知识产权投融资、知识产权证券化、知识产权信用担保机制、知识产权众筹和众包模式等作为知识产权运营的重要内容。2016年5月31日，国家知识产权局批复苏州等10个城市为首批国家知识产权强市建设示范城市及试点城市，要求着力抓好知识产权运营服务体系建设等重点工作。2016年8月5日，工业和信息化部、国家知识产权局联合印发《关于做好军民融合和电子信息领域高价值知识产权培育运营工作的通知》（工信部联财〔2016〕259号），引导重庆等10个城市开展新能源和互联网等重点产业的专利运营工作。

为促进区域和产业知识产权运营工作，国家知识产权局2017年2月22日批复建设深圳南方知识产权中心，2017年12月30日批复建设中国汽车产业知识产权投资运营中心。至此，我国初步形成了包括全国平台、特色分平台、区域知识产权运营中心和社会运营机构等在内的全国知识产权运营体系。

三、知识产权运营政府引导基金政策

在政府引导资金政策上，国家知识产权局和财政部早在2014年就采用政府投资方式，支持国家知识产权运营公共服务平台西安平台和横琴平台共1亿元建设资金。2014年12月，财政部办公厅、国家知识产权局办公室发布《关于开展以市场化方式促进知识产权运营服务的通知》（财办建〔2014〕92号），第一次明确规定设立知识产权运营政府资金，拿出2亿元以股权投资方式投资支持了北京智谷睿拓技术服务有限公司等20家运营企业。2017年5月31日，国家知识产权局对确定的苏州等8个国家知识产权强市建设示范城市及试点城市每个城市各支持财政资金2亿元，重点包括城市知识产权运营体系建设。2016年8月5日，工业和信息化部、国家知识产权局发文，投资14亿元财政资金，支持重庆等10个城市开展重点产业专利运营服务试点，进行高价值知识产权培育和运营工作。

在政府的政策引导下，社会知识产权运营基金纷纷成立。2014年4月25日，以小米科技公司为主要投资方的北京智谷睿托知识产权运营基金成立。2015年11月，中国专利技术开发公司成立中智厚德知识产权运营基金，投资额达到1亿元。2015年11月9日，北京国之专利预警咨询中心成立国知智慧知识产权股权基金，首期规模1亿元，主要投资于拟挂牌新三板的企业。2016年1月2日，北京市重点产业知识产权运营基金在北京市经济技术开发区宣布正式成立，首期基金4亿元人民币。

在此之后，截至2020年年底，全国各省市乃至地级市也纷纷基于自身的产业特点成立了超过20支产业知识产权运营基金。

四、促进专利实施运用的政策梳理

虽然在专利运营层面，专利技术的实施运用仅是其中的一个必要环节，但是近年来的相关政策引导，却十分集中于对专利实施运用的推动，表4－2梳理了自2015年修订《中华人民共和国促进科技成果转化法》以来，国家层面在促进知识产权运用方面推出的各种政策。

表4－2　知识产权运用政策清单

序号	文件标题	发文部门/机构	印发日期
1	《中华人民共和国促进科技成果转化法》	全国人民代表大会常务委员会	2015年8月（修订）
2	《关于优化科研管理提升科研绩效若干措施的通知》	国务院	2018年7月
3	《事业单位国有资产管理暂行办法》	财政部	2019年3月（修订）
4	《国家大学科技园管理办法》	科技部、教育部	2019年4月
5	《人力资源社会保障部关于深化经济专业人员职称制度改革的指导意见》	人力资源和社会保障部	2019年6月
6	《关于进一步加大授权力度促进科技成果转化的通知》	财政部	2019年9月
7	《关于提升高等学校专利质量促进转化运用的若干意见》	教育部、国家知识产权局、科学技术部	2020年1月
8	《关于构建更加完善的要素市场化配置体制机制的意见》	中共中央、国务院	2020年4月
9	《国家知识产权局办公室 教育部办公厅关于组织开展国家知识产权试点示范高校建设工作的通知》	国家知识产权局、教育部	2020年2月
10	《中国科学院院属单位知识产权管理办法》	中国科学院	2020年4月
11	《关于新时代加快完善社会主义市场经济体制的意见》	中共中央、国务院	2020年5月
12	《赋予科研人员职务科技成果所有权或长期使用权试点实施方案》	科学技术部等九部门	2020年5月
13	《关于提升大众创业万众创新示范基地带动作用进一步促改革稳就业强动能的实施意见》	国务院	2020年7月
14	《专利法》	全国人民代表大会常务委员会	2020年10月
15	《建设高标准市场体系行动方案》	中共中央、国务院	2021年1月
16	《关于推动科研组织知识产权高质量发展的指导意见》	国家知识产权局、中国科学院	2021年3月

五、修改专利法、引导专利的实施运用

2020年10月17日，第十三届全国人民代表大会常务委员会第二十二次会议通过了《专利法》第四次修正的决定，修正后的《专利法》已于2021年6月1日起实施。《专利法》在多方面进行了修改完善，以满足经济社会发展的需要，营造尊重知识、尊重创新的良好营商环境，进一步引导专利的实施运用。

（一）提高专利实施运用中的侵权成本，加大专利保护力度

在专利的实施运用中，侵权现象时有发生。《专利法》增加了惩罚性赔偿制度，对故意侵犯专利权情节严重的，人民法院可以在按照权利人受到的损失、侵权人获得的利益或者专利许可使用费倍数计算的数额1~5倍内确定赔偿数额。

进一步提高法定赔偿额，将法定赔偿额上限提高至500万元、下限提高至3万元。通过实施严格的知识产权保护，提高违法成本，体现了加大专利保护力度、鼓励创新的导向。

同时，《专利法》完善了关于举证责任的规定，在权利人已经尽力举证，而与侵权行为相关的账簿、资料主要由侵权人掌握的情况下，人民法院可以责令侵权人提供，从而减轻权利人的举证负担。

（二）完善专利保护制度，促进专利转化和运用

知识产权保护工作系关高质量发展。《专利法》要求进一步加大专利转化运用力度，完善相关制度设计，促进高水平创新，深化知识产权权益分配改革，加快实施专利开放许可制度，完善专利转化运用市场化机制，促进创新资源高效配置和有序流动，努力将创新优势转化为高质量发展优势。

国家知识产权局条法司司长宋建华表示，《专利法》将有效促进专利的转化和运用，充分发挥专利无形资产的作用，以实现专利的市场价值，并为实体经济创新发展提供有力支撑。

此外，《专利法》完善了职务发明制度，新增了单位依法处置职务发明相关权利、国家鼓励被授予专利权的单位实行产权激励的相关规定；增加了加强对专利信息公共服务的规定，明确国务院专利行政部门负责专利信息公共服务体系建设的职责，规定其提供专利基础数据，并明确地方专利行政部门加强专利公共服务、促进专利实施和运用的职责；还增加专利开放许可制度，规定开放许可声明及其生效的程序要件、被许可人获得开放许可的程序和权利义务以及相应的争议解决路径。

（三）聚焦产业发展，完善药品专利保护制度

针对医药产业的特殊性，《专利法》增加了关于药品专利期限补偿的规定。为补偿新药上市审评审批占用时间，对在中国获得上市许可的新药相关发明专利，应专利权人的请求给予专利权期限补偿。补偿期限不超过5年，新药批准上市后总有效专利权期限不超过14年。

同时，《专利法》增加了对药品专利纠纷早期解决机制的规定，旨在相关药品上市前尽早解决潜在的专利纠纷，进一步引导促进医药专利在医药产业的实施运用。

第四节　政策导向的内在逻辑

一、知识产权运营政策的理论基础

知识产权运营政策是市场经济条件下的一种重要公共政策。市场失灵理论是最重要的公共政策基本原理。影响制约科技成果转化和知识产权运用的问题主要有供需矛盾、市场失灵和政府失灵三类，目前我国制约科技成果转化和知识产权运用的根本问题尚未解决。知识产权成功运营的前提是知识产权不存在质量、风险和价格不准确问题。知识产权运营若要成功，必须要建立有效的运营机构、有效的运营模式和合格的运营人才队伍，必须要建立知识产权投资基金。

在知识产权运营体系中，知识产权运营机构必须具有对知识产权质量和风

险的识别能力，必须具有科学评估知识产权及其价格的能力。任何一个知识产权运营机构都应建立能够有效盈利的运营模式。缺乏有效的盈利模式，不可能运营好知识产权，也不可能成为真正的知识产权运营机构。同时，知识产权运营也离不开运营人才团队等要素，知识产权运营人才不仅要具有识别能力，还必须懂知识产权与合同法律，具有投资经验，对技术和市场比较敏感。

系统论也是政策研究的常用方法之一，其核心思想是系统的整体观念，重点是整体与部分、整体与结构、系统与环境等的相互联系和相互作用，以实现整体优化的目标。知识产权运营政策体系也是一个有机的整体，目标是知识产权运营体系的整体优化。

不能解决影响制约科技成果转化和知识产权运用的根本性问题，不支持建立有效解决这些问题的运营机构，运营机构就无法拥有必要的资金、人才和管理等知识产权运营要素，知识产权运营政策就不是有效的政策。如果知识产权运营政策之间缺乏有机联系，或者存在缺陷和交叉重复问题，也将严重影响知识产权运营体系的整体效率。

二、知识产权运营政策体系的构建逻辑

根据上述市场失灵理论和系统论思想，知识产权运营政策体系应主要包括以下六大类政策。

（1）知识产权运营基础政策。主要包括专利导航政策、专利质量管理政策和知识产权价值评估管理政策，也包括知识产权风险管理政策和科研项目知识产权全过程管理政策。

（2）知识产权运营主体支持政策。企业、高校、科研机构和中介机构都是知识产权运营的主体。既包括针对中介型知识产权运营机构进行股权投资的政策，也包括对高校科研机构和企业建立内部知识产权管理运营机构建设发展支持政策。

（3）知识产权运营过程支持政策。主要包括知识产权自行实施与合作实施政策、转让许可政策和质押贷款政策，还包括专利池运营政策。

（4）知识产权运营对象支持政策。主要包括专利运营政策、商标运营政策和其他知识产权运营政策。

（5）知识产权运营要素支持政策。除知识产权技术运营政策外，还包括

知识产权投资运营政策、知识产权运营管理政策、知识产权运营人才政策、知识产权运营机构建设政策和知识产权运营园区基地建设政策。

（6）知识产权运营政策工具。包括知识产权财政投入政策、知识产权税收优惠政策、知识产权银行贷款政策、知识产权运营担保保险政策、知识产权政府采购政策。

知识产权运营政策体系见表4－3。

表4－3　知识产权运营政策体系

知识产权运营政策分类	现行知识产权运营政策			应制定的知识产权运营政策		
运营基础政策	专利导航政策	专利质量管理政策	知识产权价值评估政策	知识产权风险管理政策	知识产权全过程管理政策	
运营主体政策	中介型知识产权运营机构发展支持政策			企业内部知识产权管理运营机构建设发展支持政策	高校科研机构知识产权管理运营机构建设支持政策	科研机构知识产权管理运营机构建设支持政策
运营过程政策	知识产权转让许可政策	知识产权质押贷款补贴政策		知识产权作价入股政策	专利池运营政策	知识产权自行与合作实施政策
运营客体政策	专利运营政策			商标运营政策	其他知识产权运营政策	
运营要素政策	知识产权技术运营政策	知识产权投资运营政策		知识产权运营管理政策	知识产权运营人才政策	知识产权园区基地建设政策
运营政策工具	知识产权财政投入政策	知识产权银行贷款政策		知识产权运营税收优惠政策	知识产权运营担保保险政策	知识产权政府采购政策

第五章　中国专利运营的模式及案例分析

我国政府对专利运营模式的鼓励和探索由来已久❶，迄今为止我国专利运营市场处于十分活跃的状态，涌现出大量不同类型的专利运营机构进行市场拓展。这些机构有国外专业运营机构，也有国内企业自身成立的独立运营机构。不同类型的运营机构产生的作用和影响也不相同。本章将对我国主要的专利运营模式的类型和特点进行梳理，并选取其中典型案例进行分析。

第一节　中国市场化专利运营模式的分类

一、目前主要市场化专利运营业务模式

整体而言，知识产权运营可以涵盖科技研发、技术转化、知识产权布局、科技成果的产业化和资本化这一链条的每个节点，并且涉及十多种不同的运营模式。但是，从知识产权运营的业务本质来看，主要包括三种市场化业务方向（图5－1）。

第一种，专业化服务模式。其业务本质以及盈利模式都可以归结为——以专业化的服务，提升服务对象知识产权资产的价值或者提升服务对象的工作效率，从而获取服务费用。此类业务是传统意义上专利运营服务的主流模式，可涵盖代理、咨询、导航、预警、诉讼、数据服务、技术成果转化等多种常见类别。

第二种，交易中介模式。其业务本质是通过有效利用平台、资源和信息等自身优势，形成规模化的高效交易渠道，从而赚取交易提成。此类业务是近年

❶ 王潇，张俊霞，李文宇．全球专利运营模式特点研究［J］．电信网技术，2018（1）：6．

来市场上重点聚焦的专利运营领域，包括知识产权交易平台、专业服务撮合平台、技术成果转化对接平台、融资服务机构等。

另外值得注意的是，专利池运营以及知识产权资产包托管等业务形式，本质上依然属于交易中介模式。独特之处在于，运营主体在过程中实质性地介入甚至承接了知识产权资产，但其本质上依然是利用自身优势，实现赚取交易提成（很多时候体现为交易差价）的根本目标。

第三种，资本化运营模式。其业务本质是利用股权投资机构、银行、保险、券商乃至资本市场等金融工具，直接或间接地达成知识产权资产的价值实现。此类业务是未来知识产权运营模式的主要拓展方向。

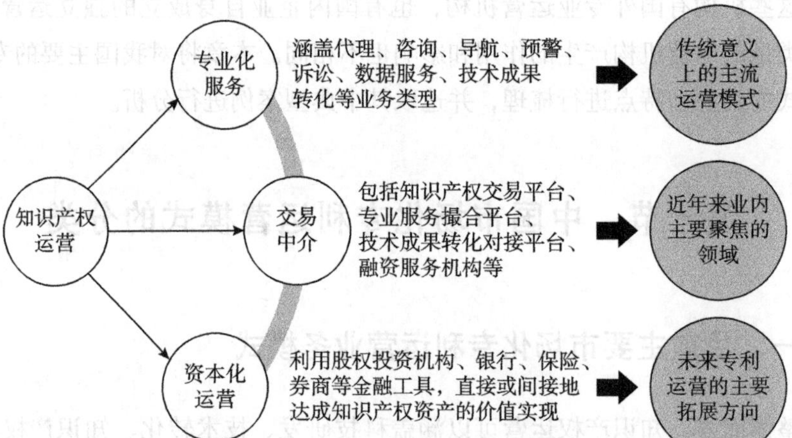

图 5－1　三种知识产权运营模式

二、主要业务方向各自的优劣势

对于目前我国的知识产权运营市场而言，上述三种业务类型有着各自的优点。

（1）专业化服务模式，是知识产权领域内一直以来的主流业务模式，经过多年的拓展与市场推广，已经形成了较为稳定的盈利模式，是三种业务类型中唯一能够实现稳定收益的模式。

（2）交易中介模式，能够突破不同领域与行业的局限，部分解决了涉及知识产权的交易中信息不对称这一核心问题。

(3) 资本化运营模式，可以借助金融工具的效率倍增器属性，提升技术成果产业化的效率，真正实现创新成果的资产属性。

但是，上述业务模式本身也同样存在着很多局限与不足之处。

(1) 知识产权服务业本身，是专业人才密集型行业，也是一个对专业人员需求量很高的行业。但是，其从业人员却又无法简单地进行大规模培训而产生，需要长时间的实务积累。这就导致了知识产权专业化服务这一业务模式，受到专业人才这一瓶颈的限制，无法在短时间内进行大规模的业务拓展。

(2) 对于交易中介模式，其与知识产权这种独特的产品之间存在着天然的不匹配。交易中介模式其本质上是作为渠道方，提供规范化的资源对接服务。以一对多的规模效应是其核心竞争力。这一模式在规范化的市场领域具有非常优越的竞争优势，如房产中介、投融资中介等。涉及知识产权的交易，其中的交易品（如技术成果）完全不具有规范化这一属性，因而也就很难产生规范化的供需双方。

这也是目前国内知识产权交易平台在业务开展中所面临的核心难点，对于高端的技术交易供需，无法做到高效率对接，却只能在用于评定个人职称或高新技术企业等低端业务方面，实现一定程度的规模效应。但这些方面本身又恰恰是政策导向进行调整的方向。

(3) 资本化运营模式，如知识产权质押融资、知识产权证券化、知识产权保险、知识产权股权投资等，虽然是政策导向鼓励的方向，但是目前还没有较为成熟的盈利模式，更多的是一种示范性业务。

第二节　专业服务机构案例

一、委托运营模式——七星天

七星天（Metis IP）由美国资深专利诉讼律师龙翔博士于2012年年底归国创立，2013年年中开始全面运营。公司以专利分析检索和专利代理为核心竞争力，基于团队横跨中美两国的实践经验，聚焦中美之间的技术转移业务为发展源动力，汇聚培育技术与法律的复合人才，提供全方位的高端知识产权服务。

七星天在专利运营层面的主要业务模式，可以概括为通过团队的专业运作，将国内的技术在国外进行布局，并推动后续的专利许可和转让业务。简言之，以委托运营的方式，将国内创新成果进行海外推广。

七星天的优势在于，其团队具有中美两国的充足实践经验，并拥有渠道优势。

此外，国内技术的海外市场拓展，目前依然是一片蓝海，国内从事此类业务的机构非常少。除了七星天外，目前已知的就只有“猪八戒网”下属的一个专职境外律师团队。

不利之处在于，这一业务模式还没有特别有说服力的成功案例进行有效佐证，而这一模式的运作周期又非常漫长。

目前，七星天的客户包括上海联影医疗、滴滴出行、蚂蚁金服、同花顺、大华安防、美国美满电子（Marvell），以及 Jones Day，K&L Gates 等知名美国顶级律师事务所。同时，七星天与北京大学、中国科学院国家技术转移中心及中国科学院各院所、东南大学、深圳大学、重庆邮电大学等国内大学和科研机构展开了专利投资合作，并一起开创了中国大学产学研的新模式——“七星天模式”。

就行业需求而言，七星天的上述客户确实有将技术成果向海外推广的潜力和需求，究竟这一模式是否能够取得成功，我们拭目以待。

二、全流程管理模式——盛知华

上海盛知华知识产权服务有限公司（以下简称“盛知华”）成立于 2010 年，是一家专业化从事全链条知识产权布局管理和技术转移的企业。盛知华在中国科学院上海生命科学研究院知识产权与技术转移中心的基础上组建，专业从事高新技术领域知识产权管理与技术成果转移的服务和咨询，主营业务涉及专利导航、专利局势分析、高价值专利培育、技术成果转化等各类知识产权管理服务和企事业单位贯标、知识产权托管、投资基金管理、政府科技项目评审、引进技术评估等知识产权专业咨询服务。

作为向高校、研究所等科研机构提供与国际接轨的知识产权管理及科技成果转移转化服务的服务机构，盛知华的核心优势在于其独特的运作模式，即对发明和专利进行早期培育和全过程管理，以提高专利的保护质量和商业价值为重心，在此基础上进行商业化的推广营销和许可转让，在许可转让价格和合同谈判时充分保护专利和技术拥有人的权益并规避潜在风险。通过上述各个环节为成果持有方提供高质量增值服务，极大地提升发明成果及其知识产权的价值并使其得以实现。

在知识产权专业咨询服务方面，盛知华为政府科技项目评审、引进技术等需求提供项目评估服务，从技术方案与资金使用合理性、知识产权保护、市场价值与潜力、法律合同与风险等方面对项目进行多维度、全方位的评估，使政府决策更具科学性、客观性、可行性，有助于促进科技经费的合理使用，有助于引导加强科技创新和知识产权保护力度，有助于提升政府科技管理水平。目前，盛知华作为第三方专业服务机构，承接了太原市科技局中试熟化项目和太原市发展和改革委员会领军人才和团队遴选项目的专业化评估工作。

就业务模式而言，盛知华聚焦于专利运营的全流程管理，即从专利的申请和撰写阶段开始介入，从源头上提升专利的运营潜力。此后，在专利申请过程中、专利授权后都全程参与质量管理，最终通过专业的技术交易服务，促成专利技术的转让和许可。

目前盛知华已经完成多个成功的运营案例，包括本书第三章中提到的上海交大一件专利独占许可两次的案例，以及同济大学附属上海东方医院的无轴磁自浮轴流血泵成功转让案例，均是盛知华所参与的成功案例。

这一业务模式的优点在于，从源头上抓专利运营的基础建设，并全流程参与整个运营过程，保证了前后的一致性，从而实现了较高的成功概率。但是这一业务模式的不利之处在于，其对于服务人员的专业性要求极高，且对专业人员的依赖性也很高，有限的合格从业人员是其发展的主要瓶颈。聚焦同一专业领域尚可，但是也很难通过短期培训进行快速扩张。

第三节　交易平台案例

在本书第三章第八节法国技术和知识产权交易平台建设的案例中，提到了五条主要的运营经验。

（1）成立全国统一的交易平台，提升团队专业人员的工作效率。

（2）设立专项投资转化基金，推动专利申请以及科技成果转化。

(3) 实行市场化企业化运作，计划在10年内全部通过自有资金运转。

(4) 在分散的基础上集中展示，降低企业成本，提高科技转化效率。

(5) 主动融入创新生态圈，并与法国专利主权基金、孵化器、竞争力集群、法国公共投资银行及诸多投资基金签署合作协议，建立密切联系。

与之相比，国内的知识产权交易平台依然还存在着或多或少的不足之处。

例如，“高标准建设知识产权运营体系”中的“1+2”，即北京的全国知识产权运营公共服务平台、西安和珠海横琴的两大特色试点运营平台。虽然三个国家级平台都在信息交互、创新知识产权生态、在线知识产权交易、在线知识产权服务撮合以及知识产权金融等方面进行了诸多的尝试，取得了一定的成绩，但是目前依然未能探索出可持续的盈利模式，在融入创新生态圈方面也依然还在努力。

而国家队之外的知识产权交易平台，目前发展情况整体也并不乐观。其中一个重要的原因在于，任何一项知识产权和技术成果都具有其独特性和唯一性，而互联网平台除了在信息交互方面拥有优势外，在知识产权类产品和服务的交易撮合方面并不具备竞争优势。

脱离主营方向导致失败的案例——汇桔网

2013年，“博鳌亚洲论坛”召开，会议着重强调了知识产权对于中国经济关键转型期的重要性。当时，谢旭辉作为知识产权界代表参会。会议之后，其便创立了服务于中小微企业的知识产权交易与运营平台——汇桔网。

汇桔网最初的业务是提供商标注册和专利代理服务，其后提出了“知商”概念，致力于实现知识产权的商品化、产业化、金融化与生活化。汇桔网在这几年的发展中，过于倚重线上营销以及地推团队，通过走“线上产品标准化+线下BD快速拓展市场”的模式，实现跑马圈地，想以此来实现“阿里铁军”的模式，包括美团、滴滴在崛起的过程中也曾沿袭这套打法。

但问题在于，那套打法更适用于2C互联网领域，在以服务知识产权运营主体为主营业务的2B互联网领域，从产品到销售到售前到实施再到服务是一整个长链条，也就意味着需要更多的决策时间。

而知识产权和技术交易的独特性也决定了知识产权交易平台无法适用互联网模式那种简单直接的推广获客方式。因为知识产权和技术成果都具有独特性和唯一性，这就导致其供求双方都是独特的，且任何一笔成功的交易都不能进行简单的复制推广。

换言之，知识产权和技术成果的唯一性与互联网经济的快速扩张特性并不匹配。这也是以互联网思维解决知识产权问题经常遇到的困境。

第四节　资本化运营案例

一、知识产权质押融资

为了缓解中小型企业的融资约束，尤其是为科技企业提供新的融资渠道，我国在2008年开展知识产权质押融资试点，经过十几年的发展，到2020年全国专利商标质押融资总额达到2180亿元，其中专利的质押总额达到808亿元。

在知识产权质押融资发展的十几年间，各级政府以政策法规为基础，逐渐摸索出适合自身和参与主体的质押融资模式，形成政府主导、市场主导以及政府市场混合这三种主要融资模式。从最初的政府主导模式发展到政府市场混合模式的过程中，专利技术质押融资逐渐走向市场化。目前以保险公司为主导、政府补偿基金为辅的新型融资模式正日渐成熟，后期各级政府可能完全退出融资主体的行列，仅行使指导职能，让知识产权质押融资完全市场化、自主化。

2006年，上海市政府成立专项资金为中小型科技企业的专利技术质押贷款提供担保，打响了专利技术质押的第一枪。2008年，国家实施知识产权战略，选取北京市、吉林省等多个地区进行试点，正式开启专利技术质押融资模式。在试点过程中主要是以政府担保为主导，并延伸出一部分政府支持担保公司担保的模式，但整体而言是以政府担保为主。2015年，国家鼓励通过保险公司担保的形式为中小型科技企业提供专利技术质押融资，并于12月开展风险补偿基金试点，力求实现融资模式的多元化，缓解金融机构风险。2017年，国务院及国家知识产权局颁布一系列政策推动以保险保障为主、财政风险补偿为辅的融资模式，该融资模式也成为中小型科技企业融资的主流模式。由此可见，我国专利技术质押融资的发展主要存在两个阶段：一是“金融机构 + 政府担保”的融资模式阶段，该阶段主要存在于2008—2014年；二是“金融机构 + 保险保障 + 财政风险补偿”的融资模式阶段，该阶段主要存在于2015—

2018年。[1]"金融机构+保险保障+财政风险补偿"的融资模式包括："金融机构+担保公司"融资模式以及"金融机构+政府担保+担保公司"融资模式。

（一）"金融机构+担保公司"融资模式

该融资模式的代表地区是北京市。具体流程为：企业首先将专利权作为质押物向金融机构提出贷款申请，然后由律师事务所和评估公司进行法律效应和专利权价值的评估，担保公司根据律师事务所的法律意见和评估公司的评估报告判断是否为企业提供担保并确定担保金额，最后金融机构进行综合评定，判断是否提供贷款。在贷款过程中，如果企业未能按期还款，则由担保公司弥补金融机构一定比例的损失。在此融资模式中，政府仅起到协调作用并为符合条件的企业提供资金补助。[2]

（二）"金融机构+政府担保"融资模式

该融资模式是应用最为广泛的一种，主要是在政府主导和担保下开展，代表地区是上海市。上海市政府向上海市生产力促进中心提供专项资金进行企业专利技术质押融资的担保。具体流程为：企业在开展融资时需要向政府指定金融机构申请贷款，同时凭借专利权向上海市生产力促进中心申请担保，专利权价值的评估是由上海知识产权交易中心开展，金融机构和上海市生产力促进中心根据评估报告判断是否进行担保和贷款并确定两者贷款风险的承担比例，一般而言前者承担5%，后者承担95%。在此融资模式中，政府起到重要的主导作用，并承担95%的贷款风险。

（三）"金融机构+政府担保+担保公司"融资模式

这种融资模式出现在武汉地区，是以上两种融资模式的融合。武汉市政府

[1] 孙习亮，任明. 专利技术质押融资模式案例探析［J］. 财会通讯，2021（6）：4.
[2] 邓子纲. 面向战略性新兴产业的专利权质押贷款模式创新研究［J］. 求索，2014（12）：6.

出资成立科技担保公司，同时鼓励社会担保公司共同对科技企业的专利技术质押融资进行担保。具体流程为：企业金融机构提出贷款申请后，由科技担保公司和知识产权局共同评估质押专利权价值，金融机构和社会担保公司判断是否提供贷款和担保。在此融资模式中，政府成立的科技担保公司承担了一部分专利权价值评估和担保责任，同时财政局还会为符合条件的企业提供资金补助。

专利技术质押融资的发展在一定程度上缓解了中小型科技企业的融资约束，但仍存在诸多问题亟须解决。

（1）政策法规不健全。目前，我国政府仅通过《中华人民共和国民法典》确定专利技术的质押权，缺乏国家层面的政策法规对质押融资进行战略指导，更缺失基础层面的政策法规对专利技术质押融资业务进行规范。从国家层面而言，政府仅颁布一些政策性文件鼓励社会机构积极参与专利技术质押融资业务，并未对质押融资业务的融资模式、业务落实进行规范，各省（区、市）均在自行摸索实施。从地方层面而言，政策性文件较多但绝大部分停留在鼓励社会机构积极参与融资业务的层面，仅有少数地区颁布了具有操作指导和实施规范作用的文件。

（2）政府主导作用过强。在专利技术质押融资试点时，政府的主导作用是业务开展的关键，随着融资模式不断发展，政府的参与程度和贷款风险承担比例逐渐降低，形成了多元化的融资模式和风险承担机制，但其主导作用强，难以进一步开展市场化。政府在专利技术质押融资中具备多种职责：一是以服务联盟或服务平台的形式主导各参与主体的贷款业务；二是为中小型科技企业提供各种利息、保险金或评估服务等费用的补贴；三是成立担保公司或风险补偿基金，承担一部分贷款风险。目前，政府为了保证该融资业务的顺利开展大多承担部分贷款风险，但主导作用过强，影响各参与主体的判断和抉择，长此以往不仅会使政府财政遭受损失，专利技术质押融资业务也难以持续发展。

（3）金融机构贷款业务性质改变。专利技术质押融资的本质应该是以专利权作为质押，金融机构和多方机构在评估专利权价值和科技企业的还款能力后为其提供保险、担保和贷款服务，应侧重专利权的价值和科技企业的还款能力。但金融机构在实际开展贷款业务时往往更加重视自身贷款风险的承担比例，而非专利权价值和企业还款能力，导致质押融资业务偏离了本质。造成该现象的主要原因是我国未形成健全、活跃的专利交易市场，同时各参与主体的专业能力有限，质押专利权的价值难以准确评估，外加专利权难以变现的问题，金融机构更加注重贷款风险的承担问题。

（4）地区之间融资模式差异较大。自2008开展试点以来，各地区的专利技术质押融资业务均得到发展，但不同地区的发展规模和融资模式存在较大差异，主要体现为东部沿海地区明显优于中部地区和西部地区。目前我国东部地区的融资模式大多发展为以政府风险补偿基金为主导的多元化模式，尤其是在保险公司加入后，贷款风险的分担机制更加合理。但中西部地区大多采用"金融机构+政府担保"的融资模式，主要原因为当地知识产权数量少且经济发展相对落后，担保机构和保险机构的参与度极低。

案例：上海鑫众公司专利质押融资[1]

上海鑫众通信技术有限公司（以下简称"鑫众公司"）成立于2005年10月，总部位于上海漕河泾开发区科技创业中心，注册资金20 000万元人民币，是一家集研发、生产、销售、系统集成及网络优化等服务于一体的国家级高新技术企业。鑫众公司主要从事从网络规划、网络设备、专业工程服务、业务平台到终端的"一站式网络优化服务"，其主导产品包括移动通信室内覆盖、移动通信直放站、基站延伸覆盖、通信控制、WLAN无线局域网、无线网络质量检测和优化系统等无线通信产品。鑫众公司在上海、浙江、江苏、福建、河南、黑龙江等多个省份设有分支机构，已建立起覆盖全国市场的服务网络。

鑫众公司与其最大的客户中国移动通信集团有着长期紧密的业务来往。在整个业务往来的过程中，由于行业的特点，应收账款账期较长，因此鑫众公司流动资金的周转遇到问题。如果不增加流动资金的投入，会使企业经营受到极大影响。为此，鑫众公司决定尝试用自主知识产权质押贷款，以补充企业流动资金，用于加大研发和扩大市场的投入力度。

鑫众公司向上海知识产权交易中心咨询知识产权质押融资相关事宜并提出申请。上海知识产权交易中心窗口受理了鑫众公司的申请，并为鑫众公司提供了所需材料清单、表格、知识产权质押融资委托代理合同。随后，鑫众公司与上海知识产权交易中心签订知识产权质押融资委托代理合同，并提交相关材料。上海知识产权交易中心组织各专业会员单位根据企业提供的资料进行初

[1] 中小企业知识产权融资案例三则[EB/OL].(2011-05-11).http://blog.sina.com.cn/s/blog_68f609380100u28v.

审，并汇总各会员单位的意见，一致认为鑫众公司符合知识产权质押融资的条件，予以“通过初审”认定。初审后，上海徐汇担保有限公司、上海汇信资产评估有限公司、交通银行上海漕河泾支行等机构到鑫众公司进行现场考察。根据考察结果，上海汇信资产评估有限公司出具了评估报告；上海徐汇担保有限公司通过内审程序，出具了担保方案；交通银行上海漕河泾支行通过贷审会决定给予鑫众公司人民币300万元流动资金贷款。而后，上海徐汇担保有限公司和鑫众公司、交通银行上海漕河泾支行和鑫众公司、上海徐汇担保有限公司和交通银行上海漕河泾支行分别签订了担保、贷款合同。鑫众公司实际控制人将私有房产作反担保。同时，上海众律律师事务所出具了法律意见书，认为本次知识产权质押融资贷款符合相关法定程序；上海科盛知识产权代理有限公司为出质人和质权人办理专利质押登记的手续。最后，交通银行上海漕河泾支行给予放款。上海知识产权交易中心向徐汇区知识产权质押融资推进小组就本次质押贷款进行备案登记。上海知识产权交易中心和相关机构进行贷后跟踪管理。

鑫众公司利用企业拥有的自主知识产权，成功获得了流动资金300万元的贷款。在专利质押融资过程中，其选择了“金融机构＋担保机构＋专利质押＋房产反担保”的间接质押融资模式。

二、知识产权证券化

知识产权证券化是资产证券化的一种，与传统的资产证券化相比，最大的区别在于基础资产是基于无形知识产权所产生未来可预测的、稳定的、特定的现金流的相关财产性权利。简单地说，知识产权证券化就是以知识产权的未来预期收益为支撑，发行可以在市场上流通的证券进行融资。

2015年以来，国务院也出台了多项政策支持知识产权证券化融资（表5－1）。

表5－1 知识产权证券化政策清单

时间	文件名称	内 容
2015年3月	《中共中央 国务院关于深化体制机制改革加快实施创新驱动发展战略的若干意见》	推动修订相关法律法规，探索开展知识产权证券化业务

续表

时间	文件名称	内　容
2015 年 3 月	《关于进一步推动知识产权金融服务工作的意见》	鼓励金融机构开展知识产权资产证券化，发行企业知识产权集合债券，探索专利许可收益权质押融资模式等
2015 年 5 月	《关于加快建设具有全球影响力的科技创新中心的意见》	探索知识产权资本化交易，争取国家将专利质押登记权下放至上海，探索建立专业化、市场化、国际化的知识产权交易机构，逐步开展知识产权证券化交易试点
2015 年 12 月	《关于新形势下加快知识产权强国建设的若干意见》	创新知识产权投融资产品，探索知识产权证券化，完善知识产权信用担保机制
2016 年 12 月	《“十三五”国家知识产权保护和运用规划》	探索开展知识产权证券化和信托业务，支持以知识产权出资入股
2017 年 9 月	《国家技术转移体系建设方案》	开展知识产权证券化融资试点，鼓励商业银行开展知识产权质押贷款业务
2018 年 4 月	《中共中央 国务院关于支持海南全面深化改革开放的指导意见》	鼓励探索知识产权证券化，完善知识产权信用担保机制
2019 年 2 月	《粤港澳大湾区发展规划纲要》	开展知识产权证券化试点，强化知识产权保护和运用

从实践来看，2018 年 12 月 14 日，我国首支真正意义上的知识产权证券化标准化产品“第一创业－文科租赁一期资产支持专项计划”在深圳证券交易所成功获批；2018 年 12 月 18 日，“奇艺世纪知识产权供应链金融资产支持专项计划”在上海证券交易所获批，并于 12 月 21 日成功发行。[1] 截至 2021 年 3 月末，市场共发行 10 支知识产权资产证券化产品（ABS），发行规模合计 22.15 亿元，发行的地区有上海、广州、深圳、温州、佛山、烟台等。

这标志着我国知识产权融资开始走向证券化，其对于拓宽中小微企业融资渠道、改善市场主体创新发展环境、促进创新资源良性循环、引导金融资本向高新技术产业转移等具有重要的现实意义。

从知识产权资产自身的特点来看，其并不能直接产生稳定、可预期、可特

[1] 董登新. 知识产权融资走向证券化 [J]. 中国金融，2019 (1)：2.

定化的现金流，上述特点与资产证券化业务的基本要求相背，因此需要以知识产权资产为基础构造能产生稳定、可预期、可特定化的现金流资产。通常的解决方式是以知识产权资产质押，通过租赁、小贷、保理等方式构建债权，从而形成稳定、可预期、可特定化的现金流。

（一）融资租赁模式

在融资租赁模式下，承租人将知识产权资产出售给租赁公司并获得对价，承租人以租赁的方式继续获得相应知识产权的使用权，并按合同约定分期支付知识产权租赁租金，租赁公司以租金为基础资产发行证券化产品。

"第一创业－文科租赁一期资产支持专项计划"就是采用了此种模式。文科租赁一期融资租赁模式如图5－2所示。

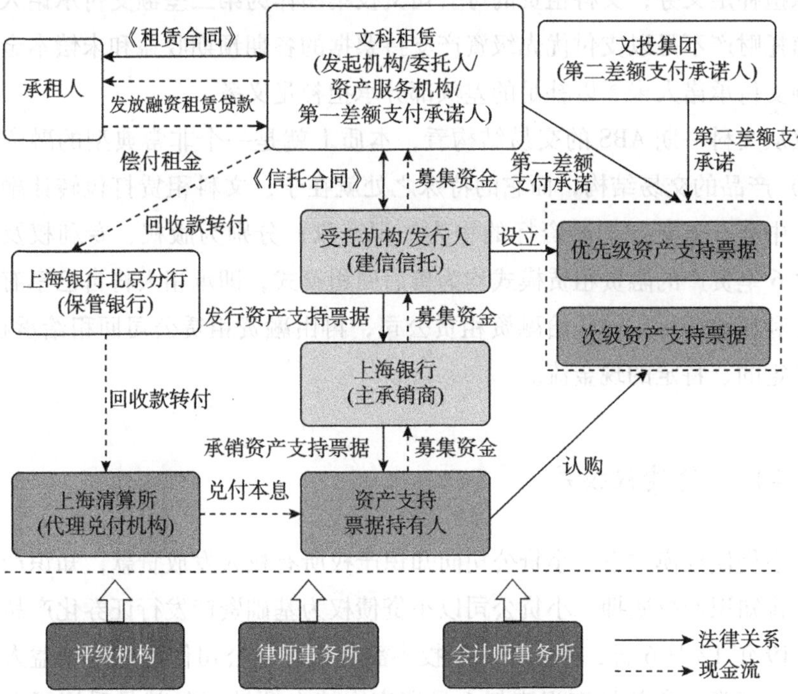

图5－2　文科租赁一期融资租赁模式

承租人和文科租赁签订《租赁合同》，约定文科租赁向承租人发放融资租赁贷款，承租人向文科租赁偿付租金。承租人共11户，行业分布于批发业、仓储业、制造业、服务业以及广播、电视、电影和影视录音制作业，其中广播、电视、电影和影视录音制作业户数占比18.18%。文科租赁在11份融资租赁协议项下的租金债权（及其关联权益）构成基础资产。

文科租赁作为委托人将资产池中每一笔融资租赁债权及其附属担保权益信托给建信信托有限责任公司（以下简称“建信信托”），设立“北京市文化科技融资租赁股份有限公司2018年度第一期资产支持票据信托”。建信信托以该信托财产为基础发行优先级和次级资产支持票据，将所得募集资金净额支付给发起机构，并以信托财产产生的现金为限支付本期资产支持票据的本息及其他收益。

该交易结构中，建信信托委托文科租赁作为资产服务机构，提供与资产及其回收有关的管理服务及其他服务。文科租赁作为第一差额支付承诺人，承诺对信托财产不足以支付优先级资产支持票据的各期预期收益和未偿本金的差额部分承担补足义务；文科租赁的母公司文投集团作为第二差额支付承诺人，承诺对信托财产不足以支付优先级资产支持票据的各期预期收益和未偿本金且第一差额支付承诺人未予以补足的差额部分承担补足义务。

仅从文科一期ABS的交易结构看，本质上就是一个非常典型的融资租赁（ABN）产品的交易结构，而它的特殊之处就在于，文科租赁打包转让融资租赁资产中有6笔资产的融资标的物为知识产权，分别为版权、专利权及商标权。这6笔资产的融资租赁模式均为售后回租模式，即承租人将自已享有的版权、专利权或商标权转让给融资租赁公司，再由融资租赁公司回租给承租人，形成稳定的、特定的现金流。

（二）小贷债权模式

在小贷债权模式下，小贷公司向知识产权所有权人发放贷款，知识产权所有权人将知识产权质押，小贷公司以小贷债权为基础资产发行证券化产品。

2019年12月6日，深圳市高新投小额贷款有限公司作为原始权益人发行的“平安证券-高新投知识产权1号资产支持专项计划”就是采用了上述模式，发行规模1.24亿元。该项目基础资产为高新投小贷公司对轻资产企业发放的知识产权贷款，该贷款由高新投担保公司提供连带责任担保，贷款人或其关联方以拥有的知识产权（专利、著作权、实用新型等）向高新投小贷公司提供质押。专项计划设立后，由高新投小贷公司将其持有的小贷债权及附属担保权益转让给专项计划，并由高新投集团在专项计划层面对优先级本息提供增信，增信形式为差额支付。

（三）知识产权许可模式

在知识产权许可模式下，主要通过两次使用许可费的不同支付方式建立基础资产现金流。首先，知识产权所有权人与原始权益人（通常为租赁公司）签署独占许可合同，将特定知识产权授予被许可方使用，并一次收取许可使用费；然后，原始权益人再与原知识产权所有权人签署独占许可合同，将特定知识产权以独占许可的形式再许可给原知识产权所有权人，原知识产权所有权人向原始权益人分期支付许可使用费。

2019 年 9 月 11 日，广州凯得融资租赁有限公司作为原始权益人发行的“兴业圆融 - 广州开发区专利许可资金支持专项计划”就是采用了上述模式，发行规模 3.01 亿元。该项目发行了以广州开发区园区内科技型中小企业专利许可费为基础资产的知识产权证券化产品，是全国首支纯专利权的知识产权证券化产品，具有较强的示范意义。

（四）供应链保理模式

供应商（债权人）向奇艺世纪（核心债务人）提供境内货物买卖/服务贸易或知识产权服务（包括但不限于电影、电视剧和综艺节目的版权服务）等，对奇艺世纪享有应收账款债权。该交易结构中，前 5 大债权人（共 12 个债权人）均来自影视制作行业，债权金额占比合计达 72.88%。

奇艺世纪知识产权供应链资产证券化（ABS）交易模式如图 5 - 3 所示。聚量保理（原始权益人/资产服务机构）根据供应商的委托，就供应商对奇艺世纪享有的应收账款债权提供保理服务，并受让该应收账款债权。

信达证券（计划管理人）通过设立专项计划向投资者募集资金，并用所募集的资金购买聚量保理所受让的前述应收账款债权。聚量保理对债务人享有的应收账款债权及其附属权益构成基础资产。

该交易结构中，信达证券委托聚量保理作为资产服务机构，为专项计划提

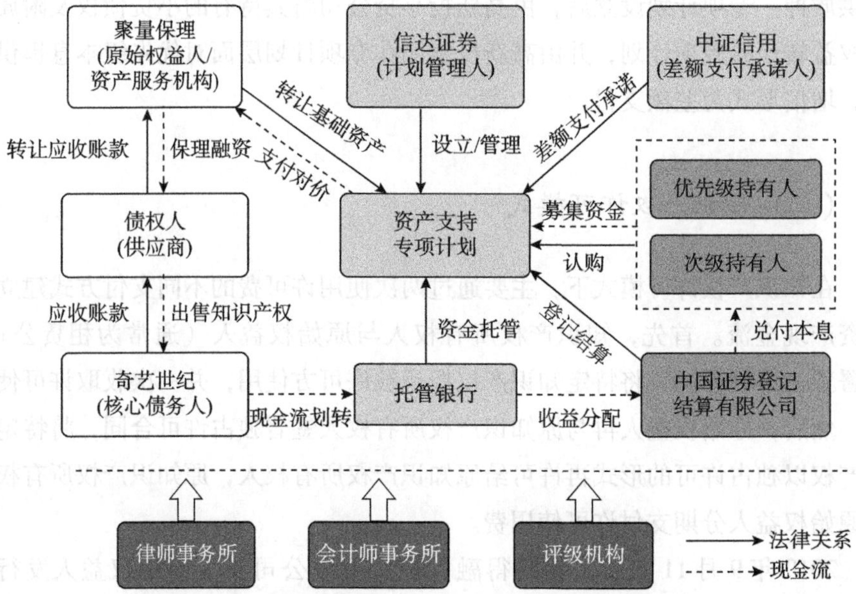

图 5－3　奇艺世纪知识产权供应链 ABS 交易模式

供基础资产管理服务；信达证券聘请招商银行北京分行作为专项计划的托管人，对专项计划资金进行保管。

奇艺世纪按时偿还到期应付款项后，信达证券向招商银行北京分行发出分配指令，将相应资金划拨至登记托管机构的指定账户，用于支付资产支持证券本金和预期收益；差额支付人对专项计划资金不足以支付优先级资产支持证券预期收益和/或本金的差额部分承担补足义务。

爱奇艺是首单套用反向保理的供应链模式的知识产权 ABS 产品。从可复制性上而言，只要找到上游存在大量长期应付的版权许可费、专利许可费或商标许可费的核心企业（如爱奇艺），再提供适当的增信，就可通过供应链模式将该等基于知识产权许可使用的应收账款作为基础资产发行 ABS 产品。

同样，如果一家核心企业拥有大量高价值且有市场需求的知识产权，并通过对外许可使用该等基于知识产权享有大量的应收账款，企业可以直接作为原始权益人发行供应链 ABS。

相比融资租赁模式的知识产权 ABS 而言，供应链模式的知识产权 ABS 无论在法律上还是在实操上都更具有可操作性及可复制性。

（五）双信托计划或私募基金（SPV）模式

除上述已成功运用的几种模式外，还有一种潜在的操作模式可以探讨，即双 SPV 模式，指在专项计划/信托计划与底层知识产权的收益权之间架设一层作为基础资产的信托受益权。

双 SPV 在 ABS 及 ABN 产品中目前已得到广泛运用，常运用于商业地产抵押贷款支持证券（CMB）、物业费、保障房等底层现金流无法产生特定且稳定的现金流的基础资产。根据现行的《证券公司及基金管理公司子公司资产证券化业务管理规定》，企业资产证券化的基础资产应权属明确，可以产生独立、可预测的现金流且可特定化的财产权利或财产。特别是对于一些以未来的收费收益权作为主要现金流来源的项目，如未来的学费、票房收入，其现金流与原始权益人的经营情况高度相关，波动性较大。通过设立中间 SPV（信托计划或私募基金），将基础资产由收费权转换为债权，可以实现现金流的特定化和可预测性（图 5－4）。

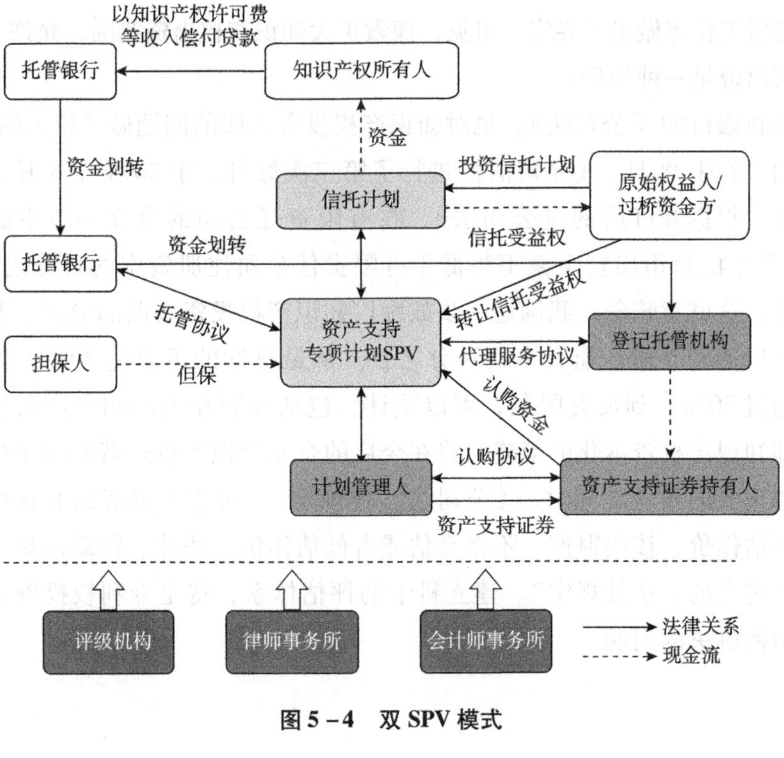

图 5－4　双 SPV 模式

三、知识产权作价入股

（一）知识产权作价入股相关法律规定

知识产权作价入股也是我国专利运营较为常见的模式之一。目前，实践中存在以专利所有权或专利使用权入股两种模式。对于专利使用权出资问题，虽然我国现行法律、行政法规或国务院决定以及工商总局规章层面未见明确规定或结论性意见，但从法理上来讲，约定期限内的专利许可使用权益是可以用货币估价的非货币财产，除法律、行政法规规定不得作为出资的专利外，专利使用权是符合现行《中华人民共和国公司法》（以下简称《公司法》）有关股东出资财产的规定的。

此外，2012 年工商总局发布《国家工商总局关于支持上海“十二五”时期创新驱动、转型发展的意见》，明确提出“支持上海探索专利使用权等知识产权出资”；2014 年年底，湖南省出台了《关于支持以专利使用权出资登记注册公司的若干规定（试行）》，就专利使用权出资定义、形式、入股比例及条件、监管工作等做出了界定。可见，探索扩大知识产权出资范围，允许以专利使用权出资是一种趋势。

最新修订的《公司法》，也对知识产权投资入股的问题做了很大的调整。2013 年 12 月 28 日，《公司法》进行了第三次修订，于 2014 年 3 月 1 日正式实施。根据修订后的《公司法》，在有限责任公司的设立一节中删除了“全体股东的货币出资金额不得低于有限责任公司注册资本的百分之三十”的规定。这就意味着，我国进一步鼓励以知识产权投资入股的形式，其最高金额可以达到公司注册资本的百分之百。从最早期的不超过 20%，到后来的不超过 70%，到没有限制，可以预计，包括专利在内的知识产权投资入股，即知识产权资本化的策略，将在今后的企业知识产权运营实践中扮演着越来越重要的角色。同时，《公司法》还规定，“对作为出资的非货币财产应当评估作价，核实财产，不得高估或者低估作价。法律、行政法规对评估作价有规定的，从其规定”。建立科学的评估体系，将是专利权投资入股方式中亟待解决的问题。

案例：中国科学院山西煤炭化学研究所以专利使用权入股秦晋公司[1]

1998年5月，中国科学院山西煤炭化学研究所（以下简称“山西煤化所”）获得“灰熔聚流化床气化过程及装置”发明专利，专利号为ZL94106781.5。1998年7月，山西煤化所与陕西华美新时代工程设备有限公司（简称“华美公司”）签订了《合作推广灰熔聚流化床粉煤气化技术协议书》。协议约定，双方组建陕西秦晋煤气化工程设备有限公司（简称“秦晋公司”），以合作推广经营灰熔聚流化床粉煤气化技术工业成套设备。其中，华美公司以货币资金投资75.6万元，占股份70%；山西煤化所以灰熔聚流化床粉煤气化技术使用权入股，经华星事务所评估，“灰熔聚流化床气化过程及装置”专利使用权折价32.4万元，占股份30%。1999年6月，山西煤化所与华美公司签订了《灰熔聚流化床粉煤气化技术保密协议》，约定保密内容为“灰熔聚流化床粉煤气化技术”的专利技术以及相关技术资料；同时，在未得到山西煤化所的书面许可的情况下，华美公司不能将该技术提供给任何第三方。山西煤化所实现了以专利使用权出资入股，并保留了专利所有权。

（二）专利入股流程及相关法律问题

1. 专利出资入股一般流程

以专利出资入股，需按照规定的流程办理，一般包括：

（1）股东共同签订公司章程，约定彼此出资额和出资方式。

（2）由专利所有权人依法委托经财政部门批准设立的资产评估机构进行评估，并办理专利权变更登记及公告手续。

（3）申请人或者其委托的代理人向登记机关提出申请，出具相应的评估报告、有关专家对评估报告的书面意见和评估机构的营业执照、专利权转移手续。

（4）登记机关作出准予变更登记决定的，应当出具《准予变更登记通知书》，换发营业执照。

---

[1] 专利权出资还是专利使用权出资？[EB/OL]. http://www.fabang.com/a/20150323/722459.html, 2015-03-23.

(5) 法律、法规规定的其他登记程序。

2. 专利出资入股前的尽职调查

以专利出资入股有两个重要前提：一是入股专利的有效性；二是以专利入股的主体是否为专利的合法权利人。因此，专利出资入股前需要进行尽职调查，包括主体资格审查和客体资格审查。

主体资格审查主要是要确认入股专利是否为出资主体所有。除审查专利权属证书外，还需对专利是否为职务发明、是否为接受他人委托或与他人合作发明以及专利是否为受让而来等可能性进行调查。《专利法》规定，发明人在执行职务期间，利用单位的物质资源开发的专利技术归单位所有；经两者合作完成或者接受委托而完成的发明创造，申请专利的权利属于共同完成的单位或个人，当事人另有协议约定的除外。因此，对于可能存在职务发明、委托发明、合作发明的，需进一步确定专利权利归属。同时，如果专利是受让而来，则不能只看其转让合同，还要查明该专利是否已经向国务院专利行政部门登记，否则出资人还没有成为真正的专利权人。

客体资格审查的调查内容主要包括：专利权是否被终止、专利权的地域效力、专利权的剩余有效期、专利权是否进行过许可、专利权是否被质押、专利权是否正在发生法律争议（包括第三人请求宣告该专利无效、第三人指控该专利侵犯其在先权利、第三人主张其拥有该专利的所有权等），以及专利是否有被宣告无效的可能性，等等。

3. 专利出资入股的风险防范

(1) 订立严密的专利权出资协议。

①在签署专利权出资协议时，一定要在协议中明确专利权名称、专利号、专利附带技术资料、用以入股的专利权内容（所有权或使用权等），以及约定办理转让登记等手续的时间和移交专利权权属有关的各种文档、资料的时间，同时设置相应的违约责任条款。

②若是以专利权使用权出资的，因出资人仍保留专利权所有权，故缴纳专利权年费的义务仍然由出资方承担。因此，可在专利权出资协议设置相关知情权条款、违约责任条款，防范因专利权人不按时缴纳年费导致专利权失效的风险。

③明确约定专利权出资所占的比例并设置公平合理的利益分配或股份调整的条款，避免因专利减值风险而带来的公司其他股东利益亏损。根据《公司

法》的规定，有限责任/股份有限公司成立后，发现作为设立公司出资的非货币财产的实际价额显著低于公司章程所定价额的，应当由交付该出资的股东补足其差额；公司设立时的其他股东承担连带责任。因此，可设置对专利权资本的年度评估制度，在必要时调整相应的专利权资本的份额。在遇到专利权资本价值发生重大变化时，赋予公司其他股东重新评估以调整股权结构的请求权。此外，如果专利权出资人实际缴付出资的时间点与其认缴出资的时间点超过一定时限（如一年），还应该对专利权价值再次进行评估，以确认专利权在此期间是否遭遇大幅减值。如果此时的专利权价值与认缴时的价值相差太多，可要求专利权出资人承担补足出资的责任，或扣减其相应出资的份额，同时也需要办理公司减资手续。

④须明确约定专利技术改进成果的分配及专利权权利瑕疵担保责任的承担问题。

（2）尽快依法办理出资专利权的权属转移手续。

《专利法》第十条规定，转让专利申请权或者专利权的，当事人应当订立书面合同，并向国务院专利行政部门登记，由国务院专利行政部门予以公告。专利申请权或者专利权的转让自登记之日起生效。因此，以专利权出资的，须在专利行政部门登记后才发生权利的转移，出资程序才算完成。

（3）签订相关保密协议。

目前的专利技术，一般都需要专利加技术诀窍一起转移才能实施，因此与专利权出资人签订竞业禁止协议、与掌握这些技术秘密的技术人员签订内部保密协议，可以有效避免因技术人员辞职等导致的商业秘密外泄，降低专利权的资本化风险。

4. 专利出资入股的税收政策规定

（1）营业税政策。

根据我国《营业税税目注释》的规定，无形资产入股，参与接收投资方的利润分配，共同承担投资风险的行为，不征收营业税。但转让该项股权时，应按营业税的税目征税。

（2）个税政策。

根据《财政部 国家税务总局关于个人非货币性资产投资有关个人所得税政策的通知》（财税〔2015〕41 号）（以下简称《通知》）的规定，个人以非货币性资产投资，属于个人转让非货币性资产和投资同时发生。对个人转让非货币性资产的所得，应按照“财产转让所得”项目，依法计算缴纳个人所得税。《通知》所称的非货币性资产，是指现金、银行存款等货币性资产以外的资产，包括股权、不动产、技术发明成果以及其他形式的非货币性资产。

根据《公司法》《中华人民共和国个人所得税法》《企业会计准则》的规定，以非货币性资产出资，应对非货币性资产评估作价，并据此入账，经评估后的公允价值，即为非货币性资产的转让收入。应纳税所得额的计算公式如下：

应纳税所得额 = 非货币性资产转让收入 - 资产原值 - 转让时按规定支付的合理税费

应纳税额 = 应纳税所得额 × 20%

四、专利运营基金案例

在我国，专利运营基金已经走过了萌芽期和初步发展期，目前处于快速成长阶段，尚存在经验不足、人才缺乏、服务不完善、专利质量不高等诸多问题。为了应对和破解这些问题，同时缓解创新型企业普遍面临的专利保护难、转化难、融资难等现状，全国各地在政府部门、相关机构和企业的合力推动下先后成立了多个知识产权运营基金[1]，横跨国家级、省级和市级，从政府引导到企业出资，基金规模普遍上亿元，有的甚至高达数十亿元，涉及的行业大多集中在地方或企业支柱型产业或战略性新兴产业，如互联网、云计算、生物医药、人工智能、信息技术、航空航天、轨道交通、节能环保等。

虽然每支专利运营基金的运作模式都有其独特之处，但总体上可以将这些基金划分为由政府资金引导、社会资本参与和由企业资本主导的市场化专利运营基金两种。

在现阶段，政府推动的引导基金依然是最重要的产业知识产权运营主导力量，政府引导专利运营基金最大的优势在于资金来源可靠、运营周期稳定等，但是也同样面临着一些难点，其中最值得关注的难点就在于：

（1）如何在有效发挥政府引导基金对产业引导作用的同时，还能够很好

---

[1] 吴艳，李俊霖．资本杠杆能否撬动专利大市场［N/OL］．中国知识产权报．（2016-03-09）．http：//www.iprchn.com/cipnews/news_content.aspx？newsId=91963.

地兼顾基金市场化运营的收益。

（2）如何在引导基金的高风险本质与政府资金对风险严格管控两者之间达到有效平衡。

表5－2列举了部分国内专利运营基金的基本情况。

表5－2　国内专利运营基金清单

基金运作方式	成立时间	基金名称	基金规模	关注的行业
政府引导，社会资本参与	2014年4月	睿创专利运营基金	政府出资4000万元，TCL、小米、金山等多家公司参与投资，募集基金规模达到3亿元	智能终端、移动互联网、云计算、物联网
	2015年11月	国知智慧知识产权股权基金	首期规模1亿元	主要投资于拟挂牌新三板的企业
	2016年1月	广东省粤科国联知识产权投资运营基金	计划总规模30亿元，首期计划5亿元	高档数控机床和机器人、新一代信息技术等
	2016年12月	陕西航空航天产业知识产权运营基金	设计总额5亿元，首期2亿元，其中中央财政专项资金4000万元	航空航天
	2017年3月	湖南省重点产业知识产权运营基金	总规模暂定为5亿元	先进轨道交通装备产业、工程机械产业
	2017年7月	成都知识产权运营基金	总规模不低于20亿元	成都五大优势产业，包括航空航天、轨道交通、节能环保、新材料、新能源；五大支柱产业，包括电子信息、汽车制造、食品饮料、装备制造、生物医药；五大未来产业，包括人工智能、精准医疗、虚拟现实、传感控制、增材制造

续表

基金运作方式	成立时间	基金名称	基金规模	关注的行业
政府引导，社会资本参与	2018年9月	军民融合知识产权运营基金（绵阳）	总规模50亿元	军民融合产业，支持军工企事业单位改制重组
	2018年12月	紫藤专利运营基金	不详	全球范围内战略性新兴产业高价值专利的收购和运营
中央、地方财政共同出资引导	2015年12月	北京市重点产业知识产权运营基金	计划总规模10亿元，首期4亿元	移动互联网和生物医药产业
	2017年12月	南昌重点知识产权运营投资基金	1.2亿元	LED与节能环保、生物医药、航空制造、汽车及零部件等重点产业
中央财政出资引导	2016年12月	上海市重点产业知识产权运营基金	首期募集资金2.02亿元	生物医药、高端医疗器械、信息技术
中央、地方财政、社会资本共同出资引导	2018年6月	河南省重点产业知识产权运营基金	首期规模3亿元	超硬材料、电子信息、装备制造业

第六章　产业层面的专利运营案例分析

专利运营，其运营对象/运营客体是专利权，这里所指的专利权仅仅是法律层面的定义，而非可运营资产层面的描述。换句话说，专利运营的资产对象，实质上应当是专利的组合。全面且高质量的专利组合不论是对企业还是对研发机构，都具有重大的战略价值。

专利运营的目的是将专利组合的价值最大化。为实现这一目标，必须根据专利组合拥有者的使命、目标和动机来对专利组合进行管理。换言之，基于不同的战略目标所进行的专利运营，需要不同的运营方式和运营策略。

大公司可以负担得起进攻性专利战略，但小公司可能没有足够的资源来主动发起专利进攻。大的科研机构可以有足够的研发基础进行全面的专利布局，而初创型企业则仅能聚焦核心技术点的保护。因此，对于私营部门实体，尤其是中小型公司而言，设计和实施有效且具有成本效益的专利管理战略极为重要。而对于公共部门实体，特别是大型的科研机构，专利战略则应当侧重于全面且高质量的布局。

另外一个需要考虑的关键因素是知识产权保护的方法及对应的类别：专利、商标、版权或商业秘密。维护这些知识产权类别的成本各不相同。尽管研究机构和公司可能希望尽量地降低维持成本，但关键技术仍然需要得到妥善保护。公司可以通过将专利保护集中在其开展业务的地理区域来降低成本。大学和科研机构可以通过有选择地起诉具有广泛权利要求结构的专利申请、战略性的许可技术，以及在必要时执行专利权来降低成本。

甚至，为了建立强大的知识产权保护基础，可以将多种形式的知识产权共同用于同一技术成果，而更进一步，则可以站在更高的层级思考专利布局和运营策略。

举例来说，资源有限的初创型企业，只能站在核心技术点的层面来寻求专利保护；而大中型企业则可以围绕特定的技术路线来实施专利布局；更高一级的如国际产业巨头又或者大型科研机构，则可以站在产业链甚至整个产业的整体层面，去思考专利战略的问题。

一旦上升到了产业链甚至整个产业的层面，专利运营的核心目标就不再局限于以交易获取直接收益，而是逐步转变为以布局形成竞争优势，从而获取更高量级的间接收益。其中，共通的逻辑和理念在于基于自身的资源背景和发展目标来制定适合的专利运营策略，从而最大化地利用知识产权体系来提升自身的竞争力。

第一节　以趋势为导向——技术路线专利布局

技术路线层面的专利布局将主要聚焦特定技术领域内多种技术选择的发展路径以及彼此之间的竞争合作关系，并继而识别出具有战略意义的关键技术节点，再分析整理各个技术节点以及技术路线的现有专利布局。在此基础上，统筹规划，采取进攻与防御结合的模式，完善自身的专利布局策略。

站在技术路线的层面对技术和专利布局的整体分析，能够从技术和创新的完整视野揭示出更加全面的发展趋向，并由此提供更具参考价值的决策信息。

此外，技术路线图可以清晰直观地展现技术发展路径和关键技术节点。对于专利布局而言，进行专利技术路线图分析可以得到：

（1）梳理主要的技术演进路径；

（2）凸显关键技术节点；

（3）辅助研发规划和布局路线；

（4）归纳可能的主要技术研发方向。

例如，新能源汽车动力电池技术路线布局如下。

动力电池是新能源汽车的关键技术之一，主要为新能源汽车提供驱动动力，动力电池的比能量、寿命、安全性对新能源汽车的发展至关重要。目前，动力电池在上游的研究主要包括正极材料、负极材料、电解液和隔膜；在中游的研究主要是封装技术，封装又分为方形、圆形及软包三种封装形式；在下游的研究主要是电池 PACK（组合电池、加工组装）技术。[1]

[1] 黄学杰. 电动汽车动力电池技术研究进展［J］. 科技导报，2016（6）：28－31.

在动力电池全产业链上，我国动力电池研发生产企业如宁德时代新能源科技股份有限公司等起步较早，已经形成部分产业集聚优势，但大部分企业对优势核心技术的专利布局尚有欠缺。[1] 我国动力电池研发生产企业若想赢得全球市场的竞争优势，就必须在掌握国内外动力电池专利申请态势的同时，扩大自身优势领域，积极实施动力电池核心技术的专利布局战略。[2]

通过对动力电池技术的专利信息进行检索分析，从动力电池技术在国内外的专利趋势、专利地域分布、主要专利持有人、专利演变趋势与技术热点等方面充分了解动力电池技术的竞争态势与技术发展趋势。

（一）动力电池主要专利持有人

通过专利地域分布与主要持有人的分析，可以了解当前国内外对于区域市场的重视程度以及主要的竞争者，目前动力电池的主要专利持有人见表 6－1。[3]

表 6－1　动力电池主要专利持有人

国家/组织	专利申请量/件	主要持有人	专利申请量/件
中国	13 670	丰田自动车株式会社	685
		株式会社 LG 化学	558
		比亚迪股份有限公司	314
韩国	2969	株式会社 LG 化学	1214
		三星 SDI 有限公司	492
		ELGE 化学股份公司	324
美国	2722	株式会社 LG 化学	671
		丰田自动车株式会社	653
		三星 SDI 有限公司	557

[1] 王仙宁，凌锋，潘薇，等. 锂离子电池负极材料中国专利分析［J］. 化工进展，2016（1）：336－339.

[2] 李英，胡剑. 基于专利分析的我国电动汽车电池技术发展趋势研究［J］. 科技管理研究，2015（19）：155－158.

[3] 吴方圆，王浩楠，赖立强. 新能源汽车动力电池技术的专利竞争态势研究［J］. 汽车工业研究，2020，301（2）：56－59.

续表

国家/组织	专利申请量/件	主要持有人	专利申请量/件
日本	1629	丰田自动车株式会社	325
		索尼株式会社	205
		东芝株式会社	170
世界知识产权组织	673	株式会社 LG 化学	88
		索尼株式会社	74
		村田株式会社	69

由表 6－1 可以看出，中国专利申请量最多，说明国内外的研发机构最重视对于中国市场的抢占，主要专利持有人是丰田自动车株式会社、株式会社 LG 化学和比亚迪股份有限公司，以上专利持有人在动力电池技术领域已有专利布局，其中丰田自动车株式会社在我国的主要布局领域是全固态电池、电解液和 PACK 技术，其他领域专利相对较少；株式会社 LG 化学的主要布局领域是隔膜、封装、正极材料和负极材料，其他领域专利相对较少；比亚迪股份有限公司的主要布局领域是隔膜、电解液和 PACK 技术，其他领域专利相对较少。

此外，还可以看出，丰田自动车株式会社还在美国、日本实施了专利布局；株式会社 LG 化学还在韩国、美国和世界知识产权组织实施了专利布局；而我国企业在国外布局的专利数量还比较少，竞争优势不足。

（二）动力电池技术演变趋势与热点方向

在制定研究方向与研发策略时，必然会将技术的新动向作为研发参考的基础，分析技术目的和技术手段的演变过程，可以给动力电池行业提供参考。技术发展脉络是对专利信息进行技术发展路线的分析，能够为技术开发战略和政策优先顺序研讨提供知识、信息基础和对话框架等决策依据，提高决策效率。对检索到的动力电池技术相关专利按时间节点进行拆分统计，见表 6－2。

表 6－2　动力电池专利时间节点统计

产业链	技术分类	专利申请量/件				热点趋向
		2000—2004 年	2005—2009 年	2010—2014 年	2015—2019 年	
上游	正极材料	106	703	2133	3426	增长↑
	负极材料	53	513	1891	3271	增长↑
	电解液	433	753	1789	2715	增长↑
	隔膜	25	69	540	837	增长↑
中游	封装	0	1	37	239	增长↑
下游	组合电池	5	29	189	205	增长↑
	加工组装	4	10	19	43	增长↑

从表 6－2 中可以看出，动力电池全产业链关键技术专利申请均处于增长状态，其中正极材料、负极材料和电解液技术的专利数量处于高速增长状态，这说明国内外机构主要研发投入集中在以上三个技术领域，技术成熟度迅速提升；隔膜、组合电池和加工组装技术的专利数量处于相对小幅增长状态，这三个技术领域也有部分研发投入，但还未形成明显的专利集聚优势，具有较大的技术挖掘潜力；封装技术领域相关专利申请较晚但增长迅猛，属于新进入的技术，其中以软包封装技术为代表，封装技术正逐步被研发机构重视，我国动力电池研发生产企业需要加大对该技术领域的关注与专利布局。

第二节　开放许可模式——新能源汽车产业链

我国《专利法》其中引入了专利开放许可制度，目的是促进专利实施运用，推动专利权经济价值的实现。

专利开放许可（Open License）最早出现于英国 1919 年修订的《专利和外观设计法》中，也被称为专利当然许可（License of Right）。德国、法国、俄罗斯、南非等多个国家的专利法中也规定了开放许可制度，但名称略有差异。例如，法国称之为“License of Office”，德国称之为“Lizenzbereitschaft”。虽然称谓各式各样，但其核心均在于专利权人允许任何人在满足条件的情况下实施其专利且不得以其他理由阻止他人使用。[1]

虽然各国专利开放许可制度的运行模式和原理大体相同，但关于开放许可的申请、使用费、撤回条件等细节仍存在一些区别。具体如下。

（1）绝大多数国家为自愿申请，但英国也有例外情况。

实行开放许可制度的国家中，绝大多数规定其申请由专利权人自愿提出，而非他人申请或由专利行政部门强制。

但值得注意的是，英国《专利法》除了规定自愿申请外，还在第四十八条第（一）款规定了强制的开放许可制度，即在以下两种情况下必须实施开放许可：①在专利颁发之日起满三年或其他规定期限届满后，任何人可根据专利法中规定的理由（如未充分实施等）请求该专利的强制许可或登记为开放许可；②对于未注册的外观设计，英国规定在其保护期（最长 15 年）的最后五年也必须实施开放许可。某种程度上，英国将强制的开放许可视为与强制许可类似的防止专利权滥用的措施。

（2）使用费规定标准不一，均设置了年费优惠政策。

我国《专利法》规定，在开发许可申请提出时需明确许可使用费的支付方式及标准。而部分国家在许可使用费规定方面较为灵活，例如英国和南非规定，可由专利权人和被许可人之间达成开放许可费用等条款的协议，若无法达成协议时，可由专利局局长根据当事人的申请决定协议的条款；巴西工业产权法规定，在开放许可满 1 年后，可以调整使用费。

在年费优惠政策方面，很多国家均设置了不同程度的优惠力度。例如，英国、俄罗斯、捷克、南非、中亚五国（哈萨克斯坦、吉尔吉斯斯坦、塔吉克斯坦、土库曼斯坦和乌兹别克斯坦）等多个国家规定，在批准开放许可后，年费优惠 50%。与上述国家相比，我国《专利法》中虽然增加了年费优惠条款，但未细化年费减免的比例，仍待进一步确认。

与年费优惠条款相似，我国《专利法》中虽然规定了专利权人可撤回开放许可声明，但未明确规定撤回的时间、条件及费用等。

---

[1] 刘家含，柯婷婷．一文道尽“专利开放许可制度”［EB/OL］.（2021－03－19）. http：//www.kangxin.com/html/1/173/174/353/13573.html.

一、我国的专利开放许可制度简析

我国《专利法》第五十条至第五十二条为新增的专利开放许可条款，基于上述条款的内容，可以更好地理解我国希望构建的专利开放许可制度。

> **第五十条**　专利权人自愿以书面方式向国务院专利行政部门声明愿意许可任何单位或者个人实施其专利，并明确许可使用费支付方式、标准的，由国务院专利行政部门予以公告，实行开放许可。就实用新型、外观设计专利提出开放许可声明的，应当提供专利权评价报告。
>
> 专利权人撤回开放许可声明的，应当以书面方式提出，并由国务院专利行政部门予以公告。开放许可声明被公告撤回的，不影响在先给予的开放许可的效力。
>
> **第五十一条**　任何单位或者个人有意愿实施开放许可的专利的，以书面方式通知专利权人，并依照公告的许可使用费支付方式、标准支付许可使用费后，即获得专利实施许可。
>
> 开放许可实施期间，对专利权人缴纳专利年费相应给予减免。
>
> 实行开放许可的专利权人可以与被许可人就许可使用费进行协商后给予普通许可，但不得就该专利给予独占或者排他许可。
>
> **第五十二条**　当事人就实施开放许可发生纠纷的，由当事人协商解决；不愿协商或者协商不成的，可以请求国务院专利行政部门进行调解，也可以向人民法院起诉。

1. 专利开放许可声明应理解为要约

根据我国《专利法》第五十条的规定，专利权人自愿以书面方式提出开放许可声明。

此外，《专利法》还规定，需要明确许可使用费支付方式等，并且该专利开放许可声明经国务院专利行政部门登记并公告后，任何单位或者个人实施该专利并以书面方式通知专利权人的行为，可理解为构成承诺。

2. 专利开放许可不能简单等同于普通许可

根据对法律的解读，专利开放许可应属于一般许可范畴，应为自愿行为而非排他或独占许可。但专利开放许可并不能简单等同于普通许可，因为当专利开放许可声明经国务院专利行政部门登记并公告后，专利权人将无权再选择被许可人和更改许可条件，这与普通许可中专利权人可通过协商谈判自主决定是否许可、向谁许可及其许可条件有所不同。

专利开放许可是一种自愿许可，其充分体现了专利权人的自愿性，其申请和撤回完全依照专利权人的意思而进行，并且开放许可的使用方可以是任何人。开放许可如同给专利贴上了一个开放使用的标签，可以大幅降低许可谈判的难度，大幅减少专利的交易成本。因此，2020 年《专利法》修正对专利开放许可制度的引入具有降低专利许可成本、促进专利实施的积极作用。然而，这仅仅是一个开始，如何最大限度利用专利开放许可制度仍是我国知识产权发展的重要命题之一。

二、专利开放许可案例——特斯拉

特斯拉是一家技术公司，专利及软件是特斯拉的核心资产，具备根本竞争优势，但是早在 2014 年 6 月特斯拉就宣布将其专利进行开放许可。

2018 年 12 月，特斯拉 CEO 埃隆·马斯克在做客哥伦比亚广播公司（CBS）《60 分钟》节目时再次表示，特斯拉将开放所有专利，供业内免费使用，以此促进全球电动汽车产业的发展，共同提高电气化水平。

2020 年 7 月，特斯拉 CEO 埃隆·马斯克又再次发文称，特斯拉将开放对软件的授权许可，并提供动力总成和电池。自动驾驶系统和超级充电网络也在开放许可的范围内，只要其他企业愿意付费。

这预示着特斯拉或将成为其他汽车制造商的供应商。特斯拉不仅可以降低高昂的研发成本，也会增加电动车市场对特斯拉的依赖。

虽然马斯克声称“特斯拉不想打压其他竞争对手，而是要加速可持续能源发展”，但实际情况却并非如此简单。开放软件授权并不意味着开源或者免费使用，通常是采用付费使用或者是签署一个共同开发的框架协议，共享开发成果。但无论采用哪一种方法，都并不那么简单。

首先，软件采用付费使用，很多企业可以直接使用特斯拉的软件，但并不意味着能完全获取特斯拉的软件技术，而特斯拉不仅可以获取软件售卖的盈利，还可以获得大量的用户数据。特斯拉的自动驾驶技术之所以领先，就在于其拥有大量车主的真实驾驶数据，对其自动驾驶算法的升级有着非常大的推动作用。其次，企业将很大程度掣肘于特斯拉。这一点，完全可以参见当下世界各大巨头企业对于华为5G技术的依赖。最后，未来特斯拉通过大量用户数据建设起完整的生态系统，而大量的用户在习惯于特斯拉的软件系统后，特斯拉就可以大张旗鼓地向企业用户收取“特斯拉税”。可以说，采用软件付费使用的方法是特斯拉收割中小企业“韭菜”最理想的方式。

此外，特斯拉开放电池专利，将在很大程度上降低电动车型初创企业的入门门槛；同时，将降低行业内电池制造成本，挤压单一的电池制造企业的市场份额，而且还能进一步向传统燃油车市场进攻。其做法可谓一举三得：把电动车市场蛋糕做大，特斯拉越吃越多；能参与电池制造竞争，获取更成熟低价的零部件的同时扩大自己的业务范围；能改变电动汽车与燃油车的市场格局，助其获得更广阔的市场。因此，特斯拉的真实目的是做大电动汽车市场的蛋糕。

倘若电动汽车赛道逐渐收窄，即使特斯拉发展得一帆风顺，其取得的成就亦十分有限。因此，扩大电动汽车的盘子对特斯拉有利无害，共享软件、电池等核心部件是一次共赢之举。

借助特斯拉的产品与技术，全球电动车企将极大提升产品竞争力，电动汽车与燃油车的市场格局将发生变化，传统燃油车企也将加速电动化转型。这种协同作用将反哺到特斯拉身上，助其获得更广阔的市场与更成熟低价的零部件，加速可持续能源的发展。特斯拉的专利开放许可或将再次引爆电动汽车市场。

三、专利开放许可案例——丰田新能源汽车

2019年，日本丰田自动车株式会社宣布，到2030年年末无偿提供23 740件专利，主要由汽车电动化技术和燃料电池相关技术两大部分组成，专利池包括发动机专利2590件、能量控制元件专利2020件、燃料电池堆栈专利2840件、燃料电池控制系统专利4540件、氢气罐专利680件、电动汽车（EV）控制系统专利7550件、插电式混合动力汽车（PHV）充电设备专利2200件、发动机变压设备专利1320件。这并不是丰田第一次向社会公众开放许可其新能源汽车专利。其于2015年也向社会公众开放许可专利5680件，涉及新能源汽车领域大部分的核心技术。[1]

[1] 万为众. 国产新能源汽车发展需警惕外企专利“开放—集中”战略——以日本丰田汽车专利布局为例［J］. 沿海企业与科技，2020，197（4）：27-33.

新能源汽车领域各行业龙头的专利开放也并非由此而始。美国电动汽车领军者特斯拉公司2014年6月宣布开放其所有专利，免费供竞争者使用。福特汽车公司紧随其后，开放650件电动汽车专利及1000多个专利申请案。日本作为燃料电池技术大国，多家汽车龙头企业都持有海量技术专利。丰田作为日本汽车行业领袖，2015年首先免费开放5680件氢燃料电池汽车技术，2019年再次开放23 740件燃料电池汽车（FCV）与混合动力汽车（HV）技术。本田、日产、三菱等也纷纷加入专利开放的行列。

丰田开放许可其核心专利的原因主要有以下几点。

其一，行业倒逼技术共享成为技术路线对决的重要选择。近年来，企业针对未来汽车产业的技术趋势之争进入了白热化阶段，多技术路线并行成为竞争常态，而市场对技术路线的选择更多考虑市场和供应链的成熟度。与2015年丰田开放燃料电池相关专利、2018年年底特斯拉开放所有电动汽车专利、2019年3月大众宣布开放MEB平台一样，此次丰田开放专利也是在为被自己把持多年的混合动力技术抢占更多的技术市场份额，以期能够在未来汽车技术路线变革中继续保持领导地位。

随着特斯拉的高速成长，传统汽车产业开始面临互联网跨界造车的直接竞争，并且随着汽车制造业与互联网行业的融合加剧，汽车制造在汽车行业中的重要性将越来越低。在此背景下，汽车整车集团适度的技术开放可以为新进入者扫除技术障碍，从而在新兴企业技术路线选择中占据主导。

其二，从企业战略考虑，丰田需重点布局前瞻技术领域。目前汽车行业的颠覆性挑战来自新兴领域。混合动力和燃料电池技术对于丰田来讲已经成为较为成熟的产品，后续开发更多是技术改进和迭代问题。就传统汽车技术而言，各大车企都有大量的专利布局，存在相互制衡和共享合作的基础。但随着智能网联技术的发展，对于丰田等众多传统车企来讲，更大的竞争对手是通信企业、芯片企业。因此，目前丰田主要专利布局重点在智能化、网联化、通信、基础元器件等领域，不排除丰田未来开发汽车行业专有芯片的可能。

其三，丰田的保护策略导致混合动力技术在中国受挫，技术优势面临挑战。丰田自创始之初就注重创新保护和专利运用，在相当一段时间内丰田混合动力技术一家独大。众多中国汽车企业都非常顾忌丰田的技术路线，这就直接影响到了国内新能源汽车技术路线的选择，使得纯电动成为主流技术路线，混合动力成了丰田的“独角戏”。

由于纯电动汽车受技术瓶颈限制，在双积分政策的倒逼下，很多车企也认识到混合动力技术在节能领域的重要性，在规避丰田混合动力技术路线的过程中，加快研发演变出多种混合动力技术路线。比如，本田的IMMD系统，通用、奔驰和宝马联合推出的双模混动系统，日产e－Power、比亚迪、上汽等也都开发了混合动力系统，这些车企的混合动力技术虽然在节能方面不如丰田，但在动力性和性价比方面向丰田看齐，这就使丰田在混合动力技术方面的优势面临诸多的挑战。

其四，避免燃料电池技术重蹈混合动力技术的覆辙，以构建产业生态。丰田在2015年年初首次开放了燃料电池领域约5680件专利，但是其反响并未达到预期效果，目前全球范围内，除去丰田的Mirai、本田的Clarity、现代的NEXO开始量产外，自主车企和德系车企在该领域进展一直较为缓慢。同混合动力技术一样，燃料电池汽车技术也是丰田一家独大。丰田公司也担心其投入重金研发的燃料电池技术路线重蹈混合动力技术路线被边缘化的覆辙。

丰田在本次公开的专利中，燃料电池专利约8060件，约占其专利总量的1/3。丰田公司如此积极推动燃料电池技术，一方面是由于其自身的技术优势明显，其他车企短时间内无法与其形成明显竞争；另一方面，丰田希望通过专利公开，推动更多企业参与到燃料电池汽车的研发和生产，从而推动燃料电池技术路线的发展，积极构建利于燃料电池汽车发展的产业生态，从而形成规模效益。由于丰田具备很强的技术实力和成本优势，如果在2030年后燃料电池汽车能够成为主流技术路线之一，丰田仍然将会是最大的受益方。

从丰田的研发到其专利布局可以看出，不积跬步无以至千里，没有一点一滴的积累，无法形成如此系统、全面的专利布局。丰田无论是研发上的积累，还是专利上的全面布局，都值得国内企业学习。

第三节　多元化运营模式——石油化工产业

石油化工产业是技术密集型行业，高新技术在石油化工产业链各环节（如油藏、地质、钻井、测井、采油工艺、地面工程、炼油化工等）不断产生、应用和改进的过程，就是石油工业不断发展的历程。❶ 由于石油行业具有产业链长、涉及领域多、技术应用情况千差万别等属性，石油化工类企业的专利运营有其特点。❷

专利所属石油技术领域不同，专利运营的方式选择和策略也大不相同。

德温特数据库检索结果显示，近年来我国石油化工类企业专利申请量大幅增长，在勘探、钻井、测井、开发、储运、炼油领域，基本专利申请量排名前五的专利权人中，中国石油天然气集团有限公司和中国石油化工集团有限公司均榜上有名，尤其在钻井、开发、炼油领域的申请量遥遥领先。

但在专利运营方面，我国石油化工类企业能力相对不足。根据数据检索结果显示，截至2020年年底，中国石油专利许可备案17件、对自身体系外的转让327件，中国石化专利许可备案45件、对自身体系外的专利转让417件。虽然依据《中华人民共和国专利法实施细则》第十四条的规定，专利许可合同并不是强制备案，检索结果会小于实际发生的数量，但也在一定程度上反映了企业专利许可、对外转让等运营活动较少的情况。

对石油化工类企业的调研情况也表明，大多数专利并未得到应用实施，这也是我国企业专利工作面临的共性问题。相关研究结果指出，2011 年中国企业的授权专利中，近2/3未能取得市场收益，取得市场收益100万元以上的专利比例为8.4%，5000万元以上的比例仅为0.1%。❸

一、石油化工类企业专利运营方式选择

不同企业需根据外部环境、自身需求及条件选择适合本企业的专利运营方式。不同的专利运营方式决定了企业资源分配和运营范围，方式的选择关系到企业专利运营的效果。❹

---

❶ 杨虹，毕研涛. 国外石油化工类企业技术与创新管理特点及趋势［J］. 石油科技论坛，2018，37（6）：40－47.

❷ 李晓艳，李琰，王玲玲. 基于发明专利现状的中国石油炼油化工技术创新力分析［J］. 石油科技论坛，2017，36（3）：41－44.

❸ 毛昊，刘澄，林瀚. 中国企业专利实施和产业化问题研究［J］. 科学学研究，2013，31（12）：1816－1825.

❹ 司云波，李春新，毕研涛，等. 石油化工类企业专利运营方式选择及策略研究［J］. 石油科技论坛，2019（5）：21－26.

（一）石油上游领域专利运营策略

石油上游领域技术由于专业性强、结构复杂、信息含量大、可表达性差，对于特定油气资源条件的专用性高，且开发成本高，石油化工类企业对上游专利的运营主要是与工程服务相结合，增强企业在行业中的竞争优势，提高工程服务的价值与收益，很少将专利向工程服务对象进行转让和许可，除非是企业间发生并购，特别注意技术的独有。如全球知名油田技术服务公司斯伦贝谢，为了保持公司在技术和装备方面的垄断地位，从不出售被自己淘汰的技术设备，在为客户提供油田服务时，甚至会在作业现场采取严格的防范措施。

（二）石油下游和化工领域专利运营策略

石油下游和化工领域技术由于接近市场，技术产品丰富，更新换代快，且多为工艺技术，专利运营较为活跃。如埃克森美孚、壳牌、杜邦等大型公司及炼化专业服务商在专利管理中采取了适合本公司业务需求的运营策略和举措，取得了较好效果。

二、石油化工类企业专利运营案例[1]

（一）埃克森美孚成立专业子公司负责专利运营

埃克森美孚化学专利公司是埃克森美孚专门负责化工领域专利管理与运营的子公司。该专利公司拥有一大批专利工程师，主要工作是跟踪前沿技术动态及可能的来自竞争对手的专利攻击、威胁等，并据此制定集团公司的应对策略。同时，该公司对集团所拥有的化工领域专利进行广泛的对外许可，许可范围包括芳烃（二甲苯和烷基化）、烯烃和聚合物等相关技术。许可的目标是帮助公司开拓和维持市场，同时从潜在对手那里获得所需的技术许可。许可策略

[1] 司云波，李春新，毕研涛，等. 石油化工类企业专利运营方式选择及策略研究［J］. 石油科技论坛，2019（5）：21－26.

包括组合许可、单独许可，以及通过普通许可的方式参与专利联盟。

（二）壳牌将专利许可寓于整体解决方案之中

壳牌公司设立了专门提供技术优化方案的公司——壳牌全球解决方案公司（Shell Solutions），提供工程技术咨询外包服务和专利许可，利用壳牌所拥有的专利，为石油化工客户提供一揽子优化规划。壳牌全球解决方案公司在转让或许可专利的基础上，提供业务与运营咨询服务，帮助客户改善现有装置的能力和性能；将新的工艺装置集成到炼油厂现有的运营体制；集成先进的催化剂体系和反应器内构件；建设新的炼油厂等。通过这种将服务增值和专利价值结合的方式，壳牌获得了一般工程服务提供商无法获得的高收益。

（三）炼化专业服务商围绕生产装置和工艺路线组建专利联盟

炼化专业服务商斯塔米卡邦（Stamicarbon）、美国凯洛格·布朗·路特（KBR）等公司，主要围绕生产装置和工艺路线实行专利联盟策略。著名尿素合成技术商斯南普吉提（Snamprogetti）公司，围绕其特色工艺路线，与其在技术上互补的公司如陶氏化学（Dow Chemical）公司、Univation 公司、托普索（Topsoe）公司和欧洲聚合体（Polimeri Europa）公司等共同构建了专利池，向第三方一站式打包许可专利，许可费收入按照各成员所持必要专利的数量比例进行分配。将技术相关的专利放入同一专利池中，有利于消除专利间互相许可障碍，减少专利许可纠纷，促进技术的推广。采取专利联盟策略对其他厂商实行一站式打包许可，被许可厂商不必单独与专利池各成员分别进行冗长的专利许可谈判，极大地节约了双方的交易成本。

（四）杜邦由各业务单元的技术转换组负责专利运营

杜邦公司专利运营的目的之一是提升闲置专利的价值。公司没有设置专门部门统一负责专利运营管理，而是由各个业务单元负责运营各自的专利并获取收入。在运营实践中，各业务单元实行阶段性的专利审核，确认可以对外运营的专利组合。在运营属于公司研发的技术和专利时，由各业务单元的技术转换组负责实施。此外，技术转换组还负责维护公司内部一个非正式运营的交流网络，以便向各个业务单元提供对外运营的信息和可供选择的资源，该网络也是接受和处理公司外部运营请求的渠道。另外，杜邦经常与其他公司进行专利交叉许可，如与ICI集团在高分子聚合物技术方面达成长期的专利交叉许可协议。许可的目的包括实现与产业伙伴的发展、获得运营的必要自由、解决争端及避免诉讼等。

三、我国石油化工类企业专利运营建议

（一）积极探索多样化的专利运营方式和策略

目前，我国石油化工类企业专利运营实践处于初级阶段，还没有成熟的运营流程和模式可供选择，石油化工产业链上下游领域的专利运营方式和策略也不尽相同，需要根据实践情况探索适用的运营方式和策略，包括专利转让、许可、专利资本化等多种运营方式的综合应用。石油化工类企业专利运营的总体目标应充分开发所拥有的工艺技术、技术产品、专利技术等无形资产的潜在价值，在专利运营过程中整合零散的技术，使其成熟配套，不断发现其中存在的问题并予以解决，提升技术水平，打造石油化工类企业的技术品牌，在更高层次上实现以专利资产创造价值。

（二）创造有利于开展专利运营活动的政策环境

石油化工类企业的技术特征不同于新兴产业，生产技术存在试验和积淀的过程。近年来，随着石油化工类企业积累的专利量不断增长，通过专利运营获取收益或改善市场竞争地位的企业诉求逐渐增强。在国内技术市场日益发育、技术贸易活动逐渐活跃的情况下，我国石油化工类企业在加强专利保护力度的同时，需要加快制定推动专利运营工作发展的相关政策，特别是有关专利运营的管理办法与激励政策等，给专利运营活动创造有利的企业环境。

（三）完善支持专利运营良性发展的配套体制机制

一是石油化工类企业需进一步优化完善从科研立项、运行、试验及成果推广整个过程涉及专利运营的规范流程和运行机制，建立科技成果市场推广和交易中心，确保专利运营的各环节有章可循、有法可依、高效运作。二是充分利用现代信息技术，扩大石油技术交易市场的参与广度和深度，使更多的科研机构和企业进入技术市场，同时提高石油技术交易的透明度。三是发展石油技术市场的支撑服务体系，如相关的法律咨询服务、无形资产评估等。

第四节　跨行业运营——碳达峰、碳中和背景下的绿色产业

发展绿色产业，既是推进生态文明建设、实现高质量发展的主要内容之一，也是实现碳达峰、碳中和目标的重要支撑和推动力。《2021年国务院政府工作报告》提出，扎实做好碳达峰、碳中和各项工作，制定2030年前碳排放达峰行动方案。2021年3月15日召开的中央财经委员会第九次会议，要求把碳达峰、碳中和纳入生态文明建设整体布局，拿出抓铁有痕的劲头，如期实现2030年前碳达峰、2060年前碳中和的目标。实现碳达峰、碳中和目标是一场影响深远的社会经济全面改革，需要系统考虑、整体谋划、综合施策。[1]

一、“碳达峰”“碳中和”对中国经济的影响

实现碳达峰、碳中和目标为产业设定了清晰明确的方向和目标，即必须有效降低碳排放强度、减少化石能源使用、提高能源效率。此举将倒逼钢铁、水

[1] 董战峰．“双碳”目标下要持续推进绿色产业发展[EB/OL]．(2021-05-10)．https://baijiahao.baidu.com/s?id=1699332973220564813&wfr=spider&for=pc.

泥、石化、有色等高碳排放行业改造装备、提升技术水平，推动电池、风电、光电、氢能、电网传输、智能电网、储能等能源技术的开发与应用，形成绿色经济增长新引擎，推动产业低碳化、绿色化发展。

在碳达峰、碳中和目标约束下，能源结构、产业结构、交通结构等将面临深刻的低碳转型，也将给节能环保产业、清洁生产产业、清洁能源产业、生态环境产业、基础设施绿色升级、绿色服务等绿色产业带来广阔的市场前景和全新的发展机遇。

“双碳”目标下绿色产业发展，首先，需要构建清洁、高效、低碳能源体系。开发清洁能源，控制化石能源总量，着力提高利用效能，实施可再生能源替代行动。大力提升风电、光伏发电规模，提高终端用能的电气化比重和电源的非化石能源比重。提高电网系统的灵活性，加大可再生电力的消纳份额。构建能源互联网，完善特高压输电技术，搭建电力输送“桥梁”。加快研发、储备和应用储能、氢能等替代能源技术在内的重大战略技术。

其次，深入推进工业、建筑、交通等领域低碳转型。发挥科学技术对重点行业和领域低碳化发展的核心支撑作用。提高节能环保的装备制造和产业活动水平。推广生产全过程的清洁生产改造，深入推进二氧化碳和污染物协同减排，不断构建园区与园区之间、园区与企业之间、企业与企业之间的循环经济链条，实现废物的减量化、资源化和无害化。

再次，应进一步强化生态保护与修复的生态环境产业。加大我国生态系统的保护修复，着重加强生态农业、生态保护、生态修复等产业扶持力度，积极开展森林、草原、湿地等领域的生态保护与修复工程，加强“蓝色海湾”整治和海洋生态系统保护，优化生态安全屏障，提升生态系统质量和固碳能力。开展生态系统长期动态监测，建立健全生态系统碳排放监测、报告、核算体系。

最后，金融、监测等绿色服务能力也需要进一步提升。开发更多的绿色信贷、绿色债券、绿色保险、碳交易市场等绿色金融产品和工具支撑绿色化转型，建立有利于低碳技术发展的投融资机制。环境服务行业应积极应对新形势，把降碳作为长期发展方向，在循环经济、低碳技术的开发应用、环保设施的低碳运行、碳排放监测计算、非化石能源发展等方面进一步提升能力，把低碳全面融入环境服务中。

二、绿色产业的专利实施现状

实现碳达峰、碳中和目标，为绿色产业奠定了其跨行业综合发展的必然趋势。那么从绿色产业到绿色技术，再到绿色专利，是否需要一套因应跨行业的绿色产业特点而具有独特结构的专利布局和运营体系呢？

绿色技术通常又称为环保型技术或气候友好型技术，指既能促进生产力提高，又能促进人类与自然关系更加协调发展的经验和知识。依据国际专利分类联盟专家委员会（IPC Committee of Expens）发布的国际专利分类绿色清单（IPC Green Inventory），可将绿色技术分为替代能源生产技术、交通技术、能源节约技术、废物处理技术、农业和林业技术、管理规制及设计方面的技术、核能发电技术七大类。❶ 绿色专利指以有利于节约资源、提高能效、防控污染等绿色技术为主题的发明、实用新型和外观设计专利。❷ 实践中，绿色技术专利化往往可以获得政策上的扶持，但绿色专利的实施却并未达到理想的效果。

（一）绿色技术的实施和转化并不充分

研究显示，欧美企业专利商用化率约为50%，日本、韩国则在60%左右，仍然存在大量的封锁性专利与沉睡性专利❸，中国的科技成果转化率更是低于发达国家水平❹。

绿色技术的推广和应用同样并不充分，其原因在于：

第一，很多专利权人自身并不具备直接实施专利的能力。就我国而言，2014—2017年，绿色专利申请量排名前20的申请人中有12家为国内高校，4家为国外企业。高校权利人更加重视绿色技术的基础研究，并不主要关注专利技术的市场化和产业化。此外，高校缺少实施绿色专利的能力和意愿，在与潜

❶ 彭衡，李扬. 发展中国家知识产权保护对绿色技术转移的影响机制研究［J］. 青海社会科学，2019（2）：87－92.

❷ 程皓. 论专利法的生态化改革［J］. 理论月刊，2014（5）：114－117.

❸ 毛昊. 我国专利实施和产业化的理论与政策研究［J］. 研究与发展管理，2015（4）：100－109.

❹ 郭济环. 标准与专利的融合、冲突与协调——基于国家标准化战略之考察［D］. 北京：中国政法大学，2011.

在的专利实施者谈判时，双方一旦对绿色专利的市场前景和许可费用产生分歧，便难以顺利合作。而跨国企业间的专利合作则受困于地域带来的市场和政策上的差异，这阻碍了绿色技术的实施和推广。

第二，有能力直接实施绿色专利的权利人更希望通过自身研发的先进技术获取竞争优势，不希望同行业的竞争对手能轻易地获取技术许可，进而威胁到自己的优势地位。

第三，一些企业为获取财政补贴和政策上的便利，其关注点更在于绿色专利的成功授权而非实施，进而产生大量的沉睡性专利。显然，专利制度赋予专利权人合理的垄断权，在支持技术创新的同时，鼓励专利权人积极运用专利，创造更多的社会效益，我国当前专利事业发展的重要任务之一便是促进专利的运用。然而，专利技术的实施和转化效率一直颇受诟病，已有研究认为，昂贵的专利许可费用、发达国家设置的绿色技术壁垒、现有绿色专利对改进技术的限制等因素已经使专利制度阻碍了绿色技术的传播和实施。

（二）绿色专利快速审查制度的初衷不显

目前，包括我国在内的许多国家纷纷建立了绿色专利快速审查制度，以加速绿色专利的授权。就我国而言，2014—2017 年，绿色专利申请量累计达 24.9 万件，年均增速为 21.5%。从绝对数量来看，2019 年国内外的发明、实用新型和外观设计申请总量达到了 430 余万件，审查机关面临着巨大的审查压力。对绿色专利进行优先审查，将在庞大的专利申请数量的基础上对特定专利的审查速度提出要求，延长其他普通专利的授权等待时间。在符合《专利法》的条件下，我国发明专利申请一般平均经过三年左右的时间可以被授权，实用新型专利申请一般平均经过半年到一年左右的时间可以被授权，外观设计专利申请一般平均经过半年左右的时间可以被授权。专利积压问题严峻，审查周期正在侵占专利获得授权后的保护期限。知识产权制度具有两个基本理念，一是私权神圣，二是利益平衡。其宗旨在于在保护创造者合法权益的同时，促进知识产品的广泛传播，协调创造者、传播者和使用者之间利益的关系。专利申请作为知识产权制度的重要一环，在确认专利权人利益的同时，需要兼顾公共利益。国家机关通过公权力对发明创造进行确权和保护，需要耗费大量公共资源，因此在专利最终形成的过程中，专利权人需要遵守法律规定，在特殊情况下忍受专利权行使的不圆满状态，形成私权和公益的平衡。在绿色专利快速审查制度中，通过对特定专利的优先审查实现政策导向，目的在于缩短专利审查时间，使绿色专利尽快进入确权状态，能够更快更稳定地对绿色技术进行利用。然而，这延长了普通专利等待专利确权的时间，却并不必然导致权利人积极扩大绿色技术的使用。实际上，绿色专利的实施并不充分，绿色专利快速审查制度的效果并不明显。

（三）绿色专利跨国实施受到阻碍

气候变化已经成为世界各国共同面对的重大挑战，国际社会已经对此产生重视，并设定了一系列的减排目标。然而，世界绿色技术分布并不均衡，发达国家可以使用更充足的研发资金、更完备的基础设施和更完善的技术系统，并拥有更多的研发人才和研发机构，在绿色技术开发和改进中拥有极大的优势。全方位的差距最终形成了世界绿色技术的失衡格局：工业化国家成为了绿色技术的主要贡献者，绿色技术的国际转移也主要发生在发达国家之间。例如，在清洁能源技术领域，日本、美国、德国、韩国、英国、法国是最为发达的六个国家，几乎占据清洁能源技术专利的80%，除了地热技术外，其他清洁能源技术都相对集中于发达国家之中。然而，在节能减排目标实现的过程中，印度、巴西、南非、墨西哥等国均表示需要充分的国际合作和实质性的技术支持，但实际上，发展中国家仍然缺乏绿色技术的国际许可和技术转让。欧洲专利局等机构的调查报告显示，很少有针对发展中国家的清洁能源专利国际许可，高昂的交易成本、资质存疑的交易对象、昂贵的许可费用、复杂的许可地域等因素成为绿色技术国际转移的实质性障碍。

三、促进绿色技术实施的路径分析

为了推动绿色专利的利用和转化，发挥专利制度在绿色发展中的引导和保障作用，理论研究者已进行了有效的探索，并提出了多种制度设计，但仍存在缺陷与不足，且少有绿色专利标准化的路径研究。绿色专利标准化是一条可行路径，有助于化解绿色技术实施和转化中的困境。

（一）促进绿色技术实施的制度检视

目前，对于如何促进绿色技术和绿色专利的实施，已有多种制度探索，其中对第一种制度（即绿色专利强制许可制度）的研究最为充分。有研究认为，应该将环境利益明确规定为公共利益中的一种，以此弥补强制许可制度中环境保护要素的缺失；或在此基础上修改《专利法》第五十条，直接规定专利行政部门可以基于生态环境保护的目的，对环境领域的专利颁发强制许可❶；或在必要的情况下，针对清洁能源等涉及国计民生、具有重大公共利益的特定领域下的关键技术实施强制许可。然而，《专利法》已经对实施强制许可的理由做出了明确规定，包括拒绝许可、未充分实施、垄断、紧急情况和非常情况、公共利益、公共健康和依存专利，在法律并未修改的前提下，绿色专利强制许可制度缺少法律基础，而以公共利益和公共健康目的寻找法理依据，容易导致公共利益原则的扩大化解读，以至于在重大专利广泛实施对社会利益具有益处的情况下，能为专利强制许可找到有关公共利益的突破口，这将减损专利权人的排他性地位，对技术创新产生不利影响。我国《专利法》规定了对取得专利权的药品专利的强制许可，与药品与公民的身体健康息息相关。紧急情形下，整体公众的生命健康权与专利权人的财产权利产生冲突时，对生命健康和社会公共利益进行倾斜符合利益的平衡。相较于药品，绿色专利对于生命健康的影响过于间接，对其规定强制许可更需慎重。

第二种制度即构建绿色专利池，使多个专利权人达成协议，相互间交叉许可或向第三方进行专利许可。构建专利池，有助于消除许可障碍、加强技术互补、降低交易成本、减少专利纠纷，但可能导致重复研发、迟滞自主创新、产生垄断和过高收费等知识产权滥用行为，并存在专利池内部“搭便车”的问题。❷

第三种制度即绿色专利技术发展基金制度，由国际组织主持，对发展中国家进行资金援助。然而，绿色专利技术发展基金的资金多来源于发达国家的财政公共资金。一些发达国家早已认为其在控制气候变化的过程中承担了过高的

---

❶ 周长玲. 试论专利法的生态化［J］. 知识产权，2011（9）：8.

❷ 朱雪忠，詹映，蒋逊明. 技术标准下的专利池对我国自主创新的影响研究［J］. 科研管理，2007，28（2）：7.

经济负担和减排义务，基金的资金来源和分配成为亟须解决的问题。

（二）绿色专利标准化的制度优势

强制许可制度强行减损权利人的排他权利过于尖锐；专利池则存在行业垄断和重复研发等诸多问题；绿色专利技术发展基金的资金问题难以彻底解决。与之相比，专利标准化将专利技术与技术标准相结合，使技术标准成为专利技术的推广载体❶，促使专利权人承诺许可，有其独特的制度优势。

专利制度赋予专利权人合理的垄断权力，目的在于鼓励创新，支持专利权人合理地运用专利，进而获取收益，并在专利权保护期届满后充实公共领域，为后续的技术创新提供基础。为此，专利制度的运行承受着高昂的社会成本，如建立专门审查机构和调动公共执法资源，符合条件的绿色技术申请专利甚至可以获得更多的政策支持和更高的审查效率，延长了其他普通专利等待授权的时间。同时，专利权人进行发明创造、维持和保护专利权同样需要花费高昂的成本，一旦一项绿色专利难以投入市场化运用，则无助于社会总的技术效率的提高，甚至因为各项成本的在先花费，导致社会总体利益的减损。因此，绿色专利标准化的关键在于提高专利的实施效率，提升社会总效益。

在绿色技术领域，先进的技术成果几乎完全被知识产权所覆盖，标准制定组织需要采集更先进的专利技术，以制定更为完备的标准；专利权人则希望借助标准的广泛实施获取更多的许可利润。在此基础之上，标准的统一性、通用化的特殊属性恰好符合了专利权扩张推广的需求，专利技术标准化得以形成，并成为国际专利技术发展的新形态。与此同时，标准和专利都具有公共物品的属性，将其效用扩展于他人的成本为零，也无法排除他人共享。❷ 公共物品属性使专利纳入标准后，不会因使用而产生消耗，标准可以借助更先进和更新颖的专利弥补标准制定的滞后性，提高质量，使更多的主体愿意采用该标准，扩大标准在行业中的使用率。标准的技术更新和使用率的提高，将提升产品的生产效率，降低生产成本，提升不同品牌产品间的兼容度，创造更多的社会效益；专利则可以依托于标准，提高转化和应用效率，提升市场认可度，获取更

---

❶ 姚远. 技术标准下的专利联盟形成机理研究［D］. 合肥：中国科学技术大学，2010.

❷ 孙昊亮. 非物质文化遗产的公共属性［J］. 法学研究，2010（5）：93－103.

多的许可利益和市场份额，并使专利权人获得丰厚的回报，鼓励更多的资源投入发明创造，增加社会利益的总量。一项获得广泛认可的绿色标准将足以吸引众多优质的绿色专利靠近，在提高专利实施效率的同时，提高标准本身的质量，形成正向循环。[1]

[1] 吕子乔．促进绿色技术实施的路径研究——以绿色专利标准化为视角［J］．科技与法律，2020（5）：7．

第七章　影响专利运营的内在因素

专利运营是集合各种因素的市场活动，从而表现出综合的经济效益。

从专利形成过程看，专利这种无形资产并不具有一般有形财产所表现的“投入与产出的对称关系”，即专利的经济价值与其投入的劳动、时间、资金等不具有对称的关系。这使得专利运营的内涵与外延会因为多种因素的影响而涉及不同的范畴，效果并不会完全由其投入成本决定，更多受到其他因素的制约。

而对专利的运营效率和运营前景产生重要影响的内在因素，则主要包括三个类别，即专利本身的创新质量、专利布局的完整性以及专利技术的市场化潜力。

第一节　专利本身的创新质量

近年来，随着我国知识产权战略的深入实施，我国专利申请的数量持续快速增长，为我国知识产权事业的发展打好了坚实的数量基础。与此同时，我国专利“大而不强，多而不优”的问题也日渐凸显。为了破解专利质量问题，实现建设知识产权强国的新目标，“提升专利质量”“培育核心专利”等工程计划相继出台，并引起社会各界的高度关注。

2016 年 12 月底，国务院印发《“十三五”国家知识产权保护和运用规划》将“专利质量提升工程”明确列为“提高知识产权质量效益”的重点工作，要求“促进高价值专利的实施”。

为了表达专利的作用，近些年来我国学术文章或者政策文件中曾经先后使用过“基础专利”“外围专利”“核心专利”。

这些概念的核心在于表述专利的“技术”特征，在特定的历史阶段，对于提高我国生产者和科技工作者的专利意识有着重要的意义。但是这些概念都没有涉及专利的“市场价值”这个根本属性。事实上，没有市场价值的专利，再高的技术水平也是没有保护意义的。这一点在专利制度的实施过程中，需要澄清认识。为了更好地理解和定位“高价值专利”的含义，现把相关的几个概念做了归纳整理，见表7－1。[1]

表7－1　高价值专利相关概念

编号	名称	概念	要点
1	专利质量	从专利申请文件的角度，主要是指专利申请文件符合法律规定标准的程度。从专利的法律稳定性、技术重要性及经济效益几个角度对专利进行定性	专利产品/技术
2	专利价值	专利价值包含市场价值，是可以用无形资产评估方法估算的资产价值	市场/资产价值
3	基础专利	指某产品必须用到技术方案的专利	技术原创
4	外围专利	指基础专利之上改良的专利	技术改良
5	核心专利	指处于技术领域关键地位，具有突出贡献、对其他专利技术有重大影响的专利	技术关键
6	问题专利	指不当授予的专利，包括不符合现行《专利法》规定的授权条件，以及虽然可以授予专利权但是权利要求范围过宽的专利	授权标准
7	垃圾专利	指不具有新颖性，没有任何实质创新内容的专利	专利质量
8	泡沫专利	指专利泡沫现象中，那些仅以授权数量为出发点的低质量专利的一种统称	专利质量

可见，专利质量在一定程度上包含了价值的意义，质量也属于专利价值的重要因素，专利质量和专利价值是体现专利状况的不同角度，其内涵相互交融。需要强调的是，基础专利往往技术水平高，但不一定是高价值专利；外围专利往往技术水平低，但是有可能成为一个企业的高价值专利；而核心专利往

[1] 韩秀成，雷怡．培育高价值专利的理论与实践分析［J］．中国发明与专利，2017，14（12）：8－14.

往是一个高价值专利。高价值专利和相关概念之间的关系如图 7－1 所示。❶

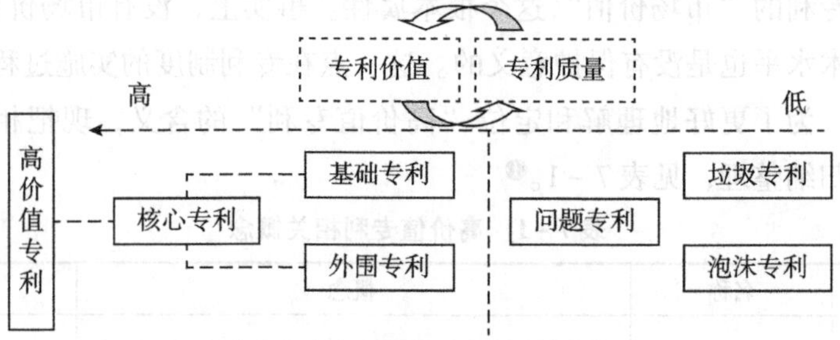

图 7－1　高价值专利和相关概念

一、高价值专利应具备的条件

从专利质量方面考虑，高价值专利应在研发、申请和审批这三个形成阶段均满足相应的条件：一是有一个高水平高技术含量或者好的技术方案；二是高水平专业人员撰写的高质量专利申请文件，对发明创造做出了充分保护的描述；三是依法严格审查，符合专利的授权条件，权利有较好的稳定性。从市场价值方面考虑，高价值专利应该具备良好的国内外市场前景，产品市场占有率高，或者有很好的市场控制力，尽管没有转化成实实在在的产品，但在当前或者未来能够增强权利人的市场竞争力。

二、高价值专利的培育

随着知识经济的到来，知识产权已经成为推动经济发展的重要力量，专利在推动经济发展中的作用日益凸显。例如，苹果公司在智能手机领域，凭借其强大的知识产权策略，每售出一台 iphone 即可独占 58.5% 的利润，而我国工人仅可通过手机生产制造环节获得 1.8% 的利润，两者之间形成巨大落差。❷

据统计，国际市场上，每年青蒿素及其衍生物的销售额多达 15 亿美元，

❶ 韩秀成，雷怡．培育高价值专利的理论与实践分析［J］．中国发明与专利，2017，14（12）：8－14.

❷ 马原．iPhone 利润分配图？高价苹果“高”在哪［EB/OL］．(2011－11－23)．http：//www. chinadaily. com. cn/dfpd/jingji/2011－11/23/content_14148663. htm.

而我国相关产业的市场占有量不足1%，虽然这与我国错失获得青蒿素基础专利的机会有很大关系，但是对于医药领域来说，只有不断地研发改进方案才能有效、持续地保护科研成果，而目前国际上相关高含金量的外围专利申请人主要集中在美国、欧洲和印度等国家和地区。[1] 培育获得高价值专利对企业和产业的发展至关重要。高价值专利已经成为现阶段经济发展的核心要素，培育高价值专利是提升我国产业竞争力的必然路径。高价值专利必须从研发、申请、审批阶段及做好市场布局和提升市场竞争力等多方面着力，通过多方共同努力，全面达到上文提到的三个条件。高价值专利培育的方向和高价值专利应具备条件之间的关系如图7-2所示。[2]

综合来说，高价值专利培育的重点路径和措施主要包括：高价值创造、高质量申请、高标准授权、精准长远布局、精准政策扶持、高水平遴选和评估。

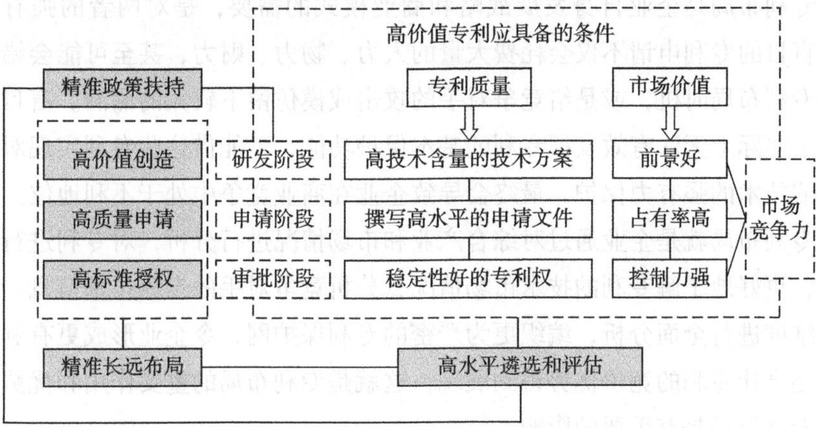

图7-2　高价值专利应具备的条件[2]

第二节　专利布局的完整性

技术无国界，但专利权是有国界的，而在地域限制之外，专利权还有时间

---

[1] 马丽，赵竹青．青蒿素基本专利与我失之交臂[EB/OL]．(2015-10-08)．http://ip.people.com.cn/n/2015/1008/c136655-27673474.html

[2] 韩秀成，雷怡．培育高价值专利的理论与实践分析［J］．中国发明与专利，2017，14（12）：8-14.

上的限制。因此，在提升专利质量的基础上，对专利资产组合进行时间和空间上的合理布局，将具有十分重要的战略意义。

专利布局是指企业综合产业、市场和法律等因素，对专利进行有机结合，涵盖了企业利害相关的时间、地域、技术和产品等维度，构建严密高效的专利保护网，最终形成对企业有利格局的专利组合。作为专利布局的成果，企业的专利组合应该具备一定的数量规模，保护层级分明、功效齐备，从而获得在特定领域的专利竞争优势。

一、专利布局的战略意义

专利布局并不是一种毫无目的、仅仅以数量取胜的专利申请行为。一般来说，专利布局是企业自身发展战略和商业模式的需要，是对两者的强有力支撑。盲目的专利申请不仅会耗费大量的人力、物力、财力，甚至可能会错失最佳的专利布局时机，或是给竞争对手的攻击或模仿留下较大的漏洞。盲目的专利申请实际上无法有效发挥专利的基本保护功能，不能借这些专利实现对企业产品或技术的强有力保护，最终会导致企业在商业竞争中处于不利地位。

专利布局就是企业通过对综合产业和市场情况进行分析，对专利进行有机结合，更好地了解专利的技术市场情况，分析竞争对手的专利技术信息。通过多种维度进行全面分析，编织更为严密的专利保护网，令企业形成更有利的格局，还会让专利的竞争优势得到展现，这就是专利布局的重要作用和优势，对企业专利保护具有重要的影响。

专利布局有利于企业进行专利组合研发，在企业专利组合具备一定规模时，能起到更好的保护作用，明显的优势还会让功效更齐备，获得特定领域的专利竞争优势。不管是在企业的综合产业市场中，还是在整个大环境当中，都要将各种专利有机地结合起来，既能更好地确保专利研发的具体方向，还能了解专利的相关信息，从而制定更符合企业有利格局的专利组合，提高企业品牌竞争力。

专利布局可帮助各大企业分析竞争对手的技术优势以及存在的薄弱点，这样就能找到合适的领域开展研发，在专利技术方面具有更好的优势和竞争力。企业专利的布局，要着重注意可能的竞争对手的实际情况及专利区域。了解竞争对手所忽视的区域，这样就能让专利申请研发形成差异化优势，在整个市场环境中具有更强大的竞争实力。

二、专利布局的方式选择[1]

（一）路障式布局

路障式布局是指将实现某一技术目标必需的一种或几种技术解决方案申请专利，形成路障式专利的布局模式。

路障式布局的优点是申请与维护成本较低，但缺点是给竞争者绕过己方所设置的障碍留下了一定的空间，竞争者有机会通过回避设计突破障碍，而且在己方专利的启发下，竞争者研发成本较低。因此，只有当技术解决方案是实现某一技术主题目标所必需的、竞争者很难绕开它、回避设计必须投入大量的人力财力时，才适宜用这种模式。

采用这种模式进行布局的企业必须对某特定技术领域的创新状况有比较全面、准确的把握，特别是对竞争者的创新能力有较多的了解和认识。该模式较为适合技术领先型企业在阻击申请策略中采用。

例如，高通公司布局了 CDMA 的基础专利，使得无论是 WCDMA、TD - SCDMA，还是 CDMA2000 的 3G 通信标准，都无法绕开其基础专利这一路障型专利。再如，苹果公司针对手机及计算机屏幕触屏技术进行的专利布局，也给竞争者回避其设计设置了很大的障碍。

（二）城墙式布局

城墙式布局是指将实现某一技术目标之所有规避设计方案全部申请专利，形成城墙式系列专利的布局模式。

城墙式布局可以抵御竞争者侵入自己的技术领地，不给竞争者进行规避设计和寻找替代方案的任何空间。

当围绕某一个技术主题有多种不同的技术解决方案，每种方案都能够达到

[1] MBA 智库百科．专利布局［EB/OL］.（2016－01－13）．https：//wiki. mbalib. com/wiki/专利布局．

类似的功能和效果时，就可以使用这种布局模式形成一道“围墙”，以防止竞争者有任何的缝隙可以用来规避。

例如，若用A方法能制造某产品，就必须考虑制造同一产品的B方法、C方法等。具体的例子是，从微生物发酵液中提取到某一活性物质，就必须考虑通过化学全合成、从天然物中提取以及半合成或结构修饰等途径得到该活性物质，然后将这几种途径的方法一一申请专利，这就是城墙式布局。

（三）地毯式布局

地毯式布局是指将实现某一技术目标之所有技术解决方案全部申请专利，形成地毯式专利网的布局模式。

这是一种“宁可错置一千，不可漏过一件”的布局模式。采用这种布局，通过进行充分的专利挖掘，往往可以获得大量的专利，围绕某一技术主题形成严密的专利网，因而能够有效地保护自己的技术，阻止竞争者进入。一旦竞争者进入，还可以通过专利诉讼等方式将其赶出自己的保护区。但是，这种布局模式的缺点是需要大量资金以及研发人力的配合，投入成本高，并且在缺乏系统的布局策略时容易演变成为申请专利而申请专利，容易出现专利泛滥却无法发挥预期效果的情形。

这种专利布局模式比较适合在某一技术领域内拥有较强的研发实力、各种研发方向都有研发成果产生，且期望快速与技术领先企业相抗衡的企业在专利网策略中使用，也适用于专利产出较多的电子或半导体行业，但不太适用于医药、生物或化工类行业。

例如，IBM的专利布局模式就是地毯式布局的典型代表，IBM在任何ICT技术类目中，专利申请的数量和质量都名列前茅，每年靠大量专利即可获得丰厚的许可转让收益。IBM被称为“创造价值的艺术家”。

（四）丛林式专利布局

丛林式专利布局也称为糖衣式，就像糖衣一样与基础专利如影随形，就像大树周围的丛林环绕在基础专利的四周，进不来也出不去。此种布局可以分成两种情况：一是基础性专利掌握在竞争对手的手中，那么就可以针对该专利技术申请大量的外围专利，用多个外围专利来包围竞争对手的基础专利，就像大树周围的灌木丛一样。这样就可以有效地阻遏竞争对手的基础专利向四周拓展，从而极大地削弱对手基础专利的价值。必要的时候，还可以通过与竞争对手的专利交叉许可来换取对手的基础专利的授权。二是当基础专利掌握在自己手中的时候，不要忘了在自己的基础专利周围抢先布置丛林专利，把自己的基础专利严密地保护起来，不给对手实施专利布局的机会。

专利布局其实并无太固定的格式与规则，基本原则是根据整个市场的专利状况、自身的专利状况包括财力、人力以及相关因素的综合考虑进行合理的规划。前述各种专利布局并未囊括所有类型，也不可能做到这一点，同时，各种基本的专利布局之间可以进行各种组合或变形，从而形成一个专利防护网。优质的专利防护网应该具有严密、有层次感且性能价格比优越的特点。所谓严密就是密不透风，不给对手以可乘之机。①并不是说专利越多就越严密，更重要的是质量的把握以及对于技术研发方向的研判。否则，可能是一大堆专利，然而大部分属于垃圾专利之类，如同一群散兵游勇，一触即溃，那就起不到防护或遏制的作用。②所谓有层次感就是要有战略纵深，形成一个多层次的防护网，富有深度，是立体的而不是扁平的，需要将各种专利布局策略有效地组合起来。③性能价格比优越其实非常能体现智慧的，以同样的费用投入产出最大的效益，这无疑是非常考验人的智慧的。优秀的防护网应该有两个功能：一是防护自身的专利或非专利技术不受侵犯；二是能够成为攻击竞争对手的根据。这个网做得越好，其发挥的作用就越大。

第三节 专利技术的市场化潜力

一、技术路线的比较优势

专利资产的市场化潜力，首先需要归因于作为基础的技术创新属性。

专利的技术方案都可以用来解决技术问题，但是每一项技术的市场化潜力却并不仅取决于其所解决的技术难点，而需要综合考虑技术创新在真的创新链条中所处的位置。更重要的是，其所在的技术路线是否具有相对于其他技术路线的比较优势。

技术点所处的位置，可以基于系列研究进行链条式专利布局，无论从解决问题角度还是专利布局角度，都是一种常见的策略。

但是技术路线的选择的问题，却很难通过简单的技术手段来进行解决。

实践中的例子包括上文所述的索尼 MD 音乐播放器。此外，还有医药领域的抗癌药物开发实例，例如，涉及 PD1/PDL1 类靶点的抗癌药物相关专利申请数量极高，全球超过 3 万件专利，其中包括诺华、默克、基因泰克、葛兰素史克等国际巨头，其在这一技术点的专利布局都超过几百件。按照一般专利导航的分析来说，这就是不适合投入资源进行研究的领域。但是实际上，这却是抗癌药物领域内成功率相对最高的技术路线之一。

反过来，几乎没有任何专利布局的技术点很多时候表明该技术点成功率相对偏低，因而没有人愿意进行资源投入。

综合而言，技术路线的选择，很多时候决定了专利运营的市场化潜力。

二、市场的竞争格局

专利运营价值实现的手段是将专利这种无形资产进行市场化的运作，或者直接进行产品化或资本化运作，又或者形成竞争优势限制竞争对手。

无论采用哪种价值实现路径，都需要对市场现有的竞争格局进行详细的分析和了解。与常规含义的市场竞争格局分析不同，针对专利运营潜力的市场竞争格局分析，通常主要涉及市场参与者各自的市场占有率分析、头部市场参与者的产品管线布局分析、市场参与者的相关专利布局分析、潜在技术发展机会预测分析等。

三、商业模式与技术的匹配度

根据蒂默斯（Timmers）对商业模式的定义，可以将其理解为对商业活动中的各类参与者的行为方式进行描述的完整商业体系，这一体系通常由产品化进程、服务模式选择及信息流所构成。[1]

[1] Timmers. P. Business models for electronic markets［J］. Journal on electronic markets, 1998（8）: 3 - 8.

专利运营的价值实现，需要有与自身的特点相匹配的商业模式。但是，基于专利本身的技术属性和无形资产属性，与其价值运营属性相互匹配的商业模式也并不相同。

对于商业化程度较高的技术领域内，则通常需要匹配较为成熟的商业模式。例如，通信行业以技术引领标准制定，然后基于标准建立市场化竞争格局，这种成熟的商业模式一直贯穿 2G 至 5G 的多次技术升级。虽然在技术升级过程中，不断产生新的技术标准和技术解决方案，但是其常规的商业模式却始终保持一致。

而对于商业化程度较低的技术领域，则有可能更加需要去引领新的商业模式的建立，而并非采用旧有的成熟商业模式。例如，在绿色技术的新能源领域内，采用传统能源的成熟商业模式天然就不利于新技术的推广和应用，而新技术在成本效益方面短期内又无法与传统技术竞争，这就需要通过政策引导来建立新的商业模式，从而塑造新的竞争格局，使得新技术在全新的竞争环境下，以高匹配度的商业模式建立其针对旧有技术的竞争优势。

第八章　专利运营的外在资源需求

专利是具有“资本性”的重要生产要素，要对其进行运营以实现价值最大化的核心目标，就必须借助高度市场化、专业化的运营、交易和产业化服务体系，才能实现产权的有序流转和创新投资回报。这些都是影响专利运营效率的外部资源。

第一节　专利资产的评估

随着知识型经济在当今世界经济中的地位越来越高，专利资产作为知识型技术的一种，以其新颖性、实用性和创造性，受到了世界各国的高度重视。而若要实现专利资产的市场化、产业化，需要引导企业采取专利资产转让、许可、质押等方式实现专利资产的市场价值。在这个过程中，专利价值的评估就是其中至关重要的一环。

专利价值的评估是一项系统、复杂的工作，具有很强的理论性、法律性、技术性和时间性等多方面的特点。通常情况下，对专利价值评估方法的研究会涉及管理学、经济学，还涉及法学和会计学等多个学科。

传统的专利价值评估方法，如重置成本法、市场法和收益法等，沿用的是经济学上有形资产评估的既定方法，虽然这些方法在进行评估时考虑的因素和数据各不相同，也并不完全适用于专利评估，但却是非常成熟和有效的方法，经常在专利价值评估中为评估者提供借鉴。

不同的方法有其各自的优势和劣势，现选择几种常用的方法简介如下。[1]

---

[1] 呈星科技．知识产权（专利技术）价值评估法的多方法[EB/OL].（2023－05－29）. https：//baijiahao. baidu. com/s？id＝1767191548364096747&wfr＝spider&for＝pc.

一、重置成本法

重置成本法，又叫重置完全价值法或重置全价法，简称成本法，就是在现实条件下，重新购置或建造一个全新状态的评估对象，将所需的全部成本减去评估对象的实体陈旧贬值、功能性陈旧贬值和经济性陈旧贬值后的差额作为评估对象现实价值的一种评估方法。根据这一定义，重置成本法的基本公式如下：

重置成本净价 = 重置成本 - 有形损耗 - 无形损耗

据此，得到评估方式/模型：

专利价值 = 重置成本 - 有形损耗 - 无形损耗

优点：是以摊销为目的的专利技术评估方法，这种方法多用在收益额无法预测和市场无法比较情况下的技术转让，它的准确性较高。

缺点：这种方法的起始点是对一种专利技术商品重置成本的估计，其方法是考查历史成本及趋势，并折成现值表示出来的，它没有考虑市场需求，不考虑与专利技术相关的产品的市场及经济效益的信息，因此缺乏对影响专利技术商品价值的市场因素及效益因素的考查。

二、市场法

市场法是站在市场的角度来评估对象的价值，通过市场调查选择若干个同类对象在市场中的交易条件和价格作为参考，并根据需要评估的对象的特点，两者相结合加以考虑调整，从而做出评估的一种方法。它是价值评估中最直接的一种评估方法。

评估方式/模型：

（1）知识产权评估值 = 市场上相同或类似知识产权的价值 × 调整系数。

（2）知识产权评估值 = 市场上相同或类似知识产权的价值 + 时间差异值 + 交易情况差异值。

（3）知识产权评估值 = 市场上相同或类似知识产权的价值 × 时间差异修正系数 × 交易情况差异值。

优点：

（1）市场法能直接反映技术资产的市场行情，并直接运用市场信息、市场价格信号作为评估的客观依据，评估价格比较真实。

(2) 由于采用的是公开市场条件下的公允市场价值，反映了整个市场对专利技术资产的效用的整体认知，比较公平、公正，符合市场经济的规律。

(3) 市场法相对来说较容易。

缺点：

(1) 由于专利是技术和法律的结合，权利要求中一个技术特征的微小变化都可能引起保护范围的巨大差异，进而导致所能产生的经济效益的巨大差异，因此在市场上很难找到参照物，也很难获得相似资产的交易数据。

(2) 由于专利的创新性，往往缺乏类似的可比较市场。

三、收益法

收益法也是借鉴实物资产价值测算的一种专利技术价值测算方法。在用收益法进行专利技术价值测算时主要参考的价值是专利技术在未来发展中所带来的预期收益，同时将各种预期收益按照折现的方法进行现值的计算，最终确定专利技术当前的专利价值。

评估方式/模型：

收益法基本公式：

$$P = \sum_{i=1}^{n} \frac{R_i}{(1+r)^i}$$

式中 P——无形资产的价值；

n——无形资产预期获利年限；

R_i——第 i 年的收益；

i——年份；

r——折现率。

优点：克服了成本法和市场法不考虑专利的未来使用年限、不重视未来收益及风险的缺陷，使专利评估更接近现实。

缺点：评估预期收益折现所需参数，包括预期收益、经济寿命、利润分成率、折现率等仍需要估算，如果估算不准确，结果当然不准确。

四、实物期权法

实物期权法是近年来发展起来的一种新的评估与决策方法，由于该方法考虑了管理决策者在投资、生产及产品研发等问题决策中的选择权，因而能充分反映实施专利时决策的选择权价值，更为合理准确地评估专利技术的价值。在实际的实物期权评估中，评估项目的价值不仅包括项目产生的收益，还包括决策者的选择权所带来的收益，即期权价值。一般都是假设被评价项目是无限生命的，这样就可以得到关于项目期权价值的常微分方程，从而解方程得到具有解析形式的期权价值，该方法被认为是最复杂的专利评估方法。

优点：管理决策的灵活性，投资的不可逆性。

缺点：数学模型较为复杂，数学参数的不确定性很大。

五、模糊数学评价法

模糊数学评价法，是基于模糊数学理论的评价法。首先，根据所要评价的内容确定评价指标；然后，运用层次分析法，请专家针对专利的各评价指标进行打分，针对指标对专利价值的重要性进行两两比较，进而获得权重，通过建立模糊矩阵，得到相应的专利价值专家评语，该评语隶属于已建立的专利价值评语集，且评语集对应价值评价，并将评语集量化，获得实际专利价值，与专家事先评估出的专利价值进行比较，得出偏差；最后，专利价值就可用实际专利价值和偏差的乘积表示。

优点：一级单指标模糊评价；二级综合模糊评价；计算偏差度和专利价值；能够很好地将定性分析与定量分析结合。

缺点：不能够得出具体的专利价值，主观性较强。

六、AHP 评估模型法

AHP 评估模型法提供了一种表示决策因素（尤其是社会经济因素）测度的基本方法。

该法采用相对标度的形式，并充分利用了个人的经验和判断能力，在递阶层次结构下，根据所规定的相对标度——比例标度，依靠决策者的判断，对同一层次有关因素的相对重要性进行两两比较，并按层次从上到下合成方案确定决策目标测度，这个测度的最终结果是以方案的相对重要性的权重表示的。

优点：

（1）原理简单。建立在实验心理学和矩阵论基础上的 AHP 原理易被大多数领域的学者所接受，同时由于原理清晰、简明，应用 AHP 的学者无须花大量的时间便会很快进入研究角色。

（2）结构化、层次化。将复杂问题转化为具有结构和层次关系的简单问题，一目了然，思路清晰，即使对 AHP 不了解的决策者也很容易领会其原理。

（3）理论基础扎实。建立在严格矩阵分析之上的 AHP 具有扎实的理论基础，同时也给研究者提供了进一步研究平台和应用的基础。

（4）定性和定量方法相结合。大部分复杂的决策问题都同时含有许多定性和定量因素，AHP 将二者完美结合在一起，满足了决策科学化的需要。

缺点：AHP 只能用于选择方案，而不能生成方案；主观性太强，从层次结构建立，到判断矩阵的构造，均依赖决策人的主观判断、选择、偏好，若判断失误，即可能造成决策失误。

第二节　专业化的知识产权服务机构

随着知识经济时代的到来，服务业在国民经济中的产值和比重日益增大，知识产权服务业也应运而生。健全的知识产权服务业是实现知识产权的创造、运用、保护和管理的有力支撑。完善的知识产权服务业会对知识产权成果的产业化起到巨大的推动作用，很多知识产权方面的专业人员早已开始运用商业及市场研究，对顾客进行商标、专利、软件等知识产权的分析、保护、实施和许可方面的咨询服务，从而帮助公司实现知识产权的全球管理战略，实现知识产权产业化。知识产权产业化是知识产权服务业发展的必然，同时促进知识产权服务业更快速地发展。

国家知识产权局对知识产权服务的定义是对专利、商标、版权、著作权、软件集成电路布图设计等的代理、转让、登记、鉴定、评估、认证、咨询、检索活动，包括专利、商标等各种知识产权事务所（中心）的活动。

知识产权服务体系一般分为三个部分和层面[1]：知识产权管理服务层（行政管理、行业管理、公共服务平台）；知识产权中介服务层（代理、咨询、法律、交易、融资服务）；企业内部知识产权服务层（专利申请、跟踪、分析、创新、策略）。

根据目前国内外知识产权服务业发展的现状，可以将知识产权服务业的内容分为以下六大领域：知识产权信息服务、知识产权代理服务、知识产权价值评估服务、知识产权金融服务、知识产权培训服务、知识产权管理咨询服务。

知识产权服务业属于新兴行业，与国家知识产权保护氛围、企业知识产权意识、国家的产业政策及各产业自身发展情况具有紧密联系，它的产生和发展是各相关因素相互融合的结果。尽管我国知识产权服务业已经取得长足进步，但是从总体看，我国知识产权服务发展与科技经济社会发展仍然不协调，在服务能力和水平方面亟待提高。因此，知识产权服务业的发展，应按照市场化、产业化、规范化、国际化的思路发展。着力加强政府引导，充分发挥市场机制的基础作用，构建具有中国特色的知识产权服务业公共体系与民营体系，以做大做强知识产权服务业为目标，促进产业集聚，创新服务模式。要规范知识产权服务业的发展，采取与国际接轨并充分符合中国国情的知识产权服务业发展道路，逐步建立健全中国知识产权服务业体系，为促进国家知识产权战略的实施，建立创新型国家、提高我国企业技术创新能力，提供多层次、全方位的知识产权服务。

知识产权服务机构案例：盛知华

盛知华公司（以下简称“盛知华”）是我国首家专业为大学、科研院所、企业等提供知识产权和技术转移管理经营服务的公司。于2010年7月由上海国盛集团和中国科学院控股有限公司共同投资成立，采用中国科学院上海生命科学研究院知识产权转移中心的模式，为合作单位、发明人提供从发明产生到技术转化全过程的知识产权商业化服务。对于长期合作的科研单位，盛知华主要收取基本运转经费（每件发明平均费用是2万~5万元），加上15%的转化

[1] 唐恒，周化岳. 自主创新中的知识产权中介服务体系：功能、作用机理及实现途径［J］. 科学管理研究，2007，25（4）：4.

收益分成。目前，盛知华公司已与中国科学院多家研究所、北京大学、同济大学等签署了委托服务协议或框架协议。成立至今，盛知华已完成20多项技术转移交易，合同金额超过12亿元，其商业模式也被收录至哈佛商学院的教学案例。

在推动科技成果转化方面，目前盛知华已形成完整的商业模式。首先，对发明成果进行商业价值评估；其次，如果有潜在商业价值但专利保护范围还不够宽，就要进行培育，提升专利价值；再次，管理好专利撰写质量，寻找合适企业进行技术推荐；最后，再进行交易价值评估、商业谈判等，直至交易达成。

第三节 专利运营的人才需求

基于前文的介绍可知，专利运营是涉及多种专业背景的复杂管理和运营活动，能够完全胜任这一类运营活动的人才，需要拥有复合型的专业背景。一方面要在专利所涉及的技术领域内拥有足够精深的基础知识；另一方面又需要在法律、金融、市场、交易谈判等领域具有深入的从业经历，这样的人才能够较好地驾驭专利运营的全流程，并充分提升专利的技术创新、无形资产和价值运营属性。

复合背景的专业人才，可以在研发阶段就介入发明人的研发规划和实验设计，并对结果的数据要求给出有针对性的建议；继而可以运用充分的材料和数据来撰写专利申请文件，并确立范围适当的权利要求结构。这样的专业性介入，可以大大提升技术创新成果在专利层面的价值和质量，大大提升专利的无形资产属性和价值运营属性；反之，即使拥有高质量的技术成果，如果在前期的研发规划和专利申请阶段没有专业人员的全程辅助，很可能就会导致专利的保护范围不合理、权利要求和说明书内容没有充足的腾挪余地，从而导致专利的质量无法与研发的水平相匹配，大大降低后续专利运营的价值提升空间。

但是，我国目前高校里的人才培养体系，并不具备培育此类专业人才的基础，往往需要理工科背景的学生在毕业后于法律和/或商业环境积累足够多的实践经验后，才能够胜任。而高校内部法律、管理和金融经济类毕业生，由于缺乏足够的理工科教育背景，在理解专利的技术创新属性方面，天然存在较大的障碍，成为合格复合型人才的难度更高。

目前，国内大力推动技术成果转化，并开始集中培养技术经纪类专业人员，通常都是邀请高校、科研机构以及科技型企业内部负责研发或者知识产权的专业人员集中进行商业、法律以及技术转化方面的专业培训。这种方式可以快速补足知识层面的差距，但是在实践经验方面，依然需要充分的从业经历来进行打磨。

培植孕育专利运营高端复合型人才的土壤，需要在高校设立专利运营相关专业，增设专利运营相关课程；政府提供专利运营相关培训课程体系，提供系统完备的公益培训服务；建立专利运营高端人才实践基地，促进高端复合型人才的成长。

第四节　专利数据与非专利数据的结合

专利运营过程中会遇到海量的专利信息、多种语言专利文献、繁杂的运营流程、晦涩的法律知识。

国内专利运营中介机构发展并不均衡，良莠不齐，经营模式也不尽相同，但是它们的一个共同点是：对于专利数据资源获取的迫切性。

所谓“巧妇难为无米之炊”，要进行专利运营首先需要对专利相关的技术、法律、市场信息等整体情况有一个充分的了解，包括专利权利人及实施企业基本情况、专利证书、专利登记簿副本、最近一期的专利缴费凭证，权利要求书、说明书及其附图，专利技术的研发历史、技术实验报告，专利资产所属技术领域的发展状况、技术水平、技术成熟度、同类技术竞争状况、技术更新速度，收集技术产品检测报告，产品的适用范围、专利产品市场需求、发展前景及经济寿命、与专利产品相关行业政策及发展状况、本行业技术和产品的竞争状况，特殊行业所需要的行业准入证明，专利资产的获利能力，可能影响专利资产价值的宏观经济前景和以往的评估和交易情况，可以说专利信息是各类运营主体以及中介机构赖以生存的“粮草”。

除此之外，法律领域的复审无效数据、法律诉讼数据、行政执法数据等，经济领域的专利质押融资数据、专利转让许可数据、企业工商登记数据、营业收入数据、投融资数据、税收数据、IPO 数据、海关统计数据等，以及相关的专利法律法规、政策，都是专利运营不可或缺的信息。

而在我国现阶段，上述信息分散在国家知识产权局、法院、市场监管等多个部门，对于一个机构而言，获取的成本和难度都非常高。目前，政府对于现有国家专利信息，尤其是专利运营信息进行规范化的梳理和公开，很多地方还做得不到位，如专利申请涉及的原始文档及过程记录、专利检索分析、评估与预测研究等报告，有关专利复审、无效、诉讼等法律文件，与专利运营相关的法律状态信息、合同协议，包括主要国家和地区的专利文件全文及其法律状态和专利申请案卷等；专利运营相关的其他知识产权数据、文献、法规、政策等信息还存在一些错误和遗漏，这对专利运营其他主体专利运营活动的展开会造成较大的障碍。尤其是在目前专利数据开放的大环境下，更需掌握国内外专利发展的最新动态，以制定相关政策和措施激励和引导本国、本地区专利运营活动，保护本国、本地区创新成果，进而提高本国、本地区科技竞争力。在国际经济和社会活动中保护本国知识产权合法利益显得更加重要，如果不加强自身“专利信息”的锤炼，将会在更大的专利运营市场竞争中处于下风。

第九章　专利运营的发展趋势与路径选择

第一节　专利运营的发展趋势分析

一、运营模式多样化

就起步时间而言，美国是最早对专利资产组合开展实质性运营活动的国家，在专利资产转让、专利技术许可实施、专利权质押融资、知识产权证券化融资、知识产权作价入股、知识产权诉讼、知识产权联盟等常见运营模式中，美国都开展很早，并且都有着具有可行性的成功案例，美国也是最先将金融工具引入专利资产组合运营的国家。

可以说，在专利运营领域内的各种模式以及实施路径，都可以在美国找到相应的借鉴经验和成功案例。

同样，为了强化科技竞争力、盘活专利资产、维护企业利益，欧洲国家、日本、韩国等都在20世纪末和21世纪初就开始尝试各种专业化的专利运营模式。

一般而言，英美两国普遍以市场化运作的私营企业为主要运营方式，而像法国、日本和韩国等，则更多采用政府参与的公益性运营平台的模式。

随着专利运营与金融工具的结合越来越深入，许多国家都相继设立了国家主权专利基金，充分发挥金融工具在效率提升方面的优势以及政府在专利创造和专利保护中的关键引导作用。

中国专利运营基金的发展得益于政府与企业的合力布局推动。2014年，睿创专利运营基金的发布填补了我国在这一领域的空白，开创了一种全新的商业模式。此后，国内迅速涌现出众多“政府引导、社会资本参与”的地方专

利运营基金，逐步完善我国的专利战略和专利布局。❶

就运作模式而言，国外的模式更为丰富多样，发展成熟度更高，同时也面临着问题。相关数据显示，2011—2016 年美国专利交易额以及专利交易所涉及的专利数量呈下降趋势，因此美国开始采取各种措施来应对因投机性的专利运营行为所产生的各种问题。美国目前在专利运营上出现的问题应引起我国的关注，一方面作为前车之鉴，使我国避免出现类似问题；另一方面，也起到预警作用，避免被国外的不利因素波及。

我国的专利基金运营模式相对单一，大多有政府参与和引导，并向专业化、体系化的发展目标前进；国内外专利运营基金也有共通之处，例如均有政府参与，均有通过专利诉讼获益的想法，且都关注知识产权密集型产业。❷

二、运营主体多元化

随着知识产权竞争逐渐成为国际贸易中的主要竞争选择，对专利运营价值的认识，逐渐从单纯的资本化运作路径，扩展至产品化推广及竞争性格局的价值实现路径，并且不再局限于交易许可和诉讼等常规获利模式。

相应的，市场上参与专利运营的主体开始逐渐多样化，各类运营主体的运营模式，也同样日新月异。例如，原本单纯从事交易和许可等专利资本化运营的企业，也逐步涉足专利技术的产品化运用；而另外一些专门从事专利技术产品化实施的实体企业，也纷纷设立独立的专利运营管理部门甚至企业，专注于专利资产的价值实现。

这其中的实例，包括美国的微软公司，将其专利资产转移至 2014 年成立的微软技术许可有限责任公司，并由其来组建专业化的运营人才团队，专门从事知识产权运营；日本的松下电器同样将其所拥有的专利资产转移至 2014 年成立的松下知识产权经营株式会社；此外还有德国的拜耳药业，也同样成立了专门的知识产权管理分公司。

此外，一些并非由实体公司组建或演变而来的非专利实施主体（NPE）自

---

❶ 张雯，庞弘燊，胡正银．专利运营基金发展调研综述及相关启示［J］．世界科技研究与发展，2020（1）：11．

❷ 徐棣枫，于海东．专利何以运营：创新、市场和法律［J］．重庆大学学报：社会科学版，2016，22（6）：8：139－146．

美国兴起，其中既包括纯粹的以专利买卖获利的机构（如 Acacia Research、BTG），也有以纯粹通过专利集聚为客户提供专利保护的机构（如 RPX、AST），还有专注研发并以专利运营获利为目标的机构（如 SEL），以及由政府倡导或具有政府背景的专利运营机构（如北京知识产权运营管理有限公司），等等。但无论哪种类型，在实践层面来看，非专利实施主体的活跃，切实推动了专利资产的动态流动。

在市场化竞争的大多数领域内，通常都会随着竞争格局的不断演变而衍生出更具有比较优势的专业化经营主体。专利运营虽然是一个比较独特的行业，但是其却涉及几乎所有重要产业领域。因此，知识产权运营的战略和策略选择，也随着竞争格局的深入变化而演变为专业分工更加细致、业务领域更加聚焦、商业模式匹配度更高的新格局。从实践领域来看，市场上越来越多的专业化专利运营机构的出现，使得专业化的运营模式日渐成为各个产业内的主流。

而随着我国创新驱动的发展战略不断向前推进，不同类别的专业运营主体本身也开始逐渐扩展其业务范围，并探索新的业务模式。除了上文提到的专门从事专利技术产品化实施的实体企业纷纷设立独立的专利运营管理企业外，一些专业的知识产权服务、咨询和中介类机构，也开始逐渐涉足知识产权运营业务。例如，国内的许多知名专利代理机构也都纷纷设立了知识产权运营部门，有的已经直接设立了下属的知识产权运营企业。

此外，原本专业从事专利运营的企业，也开始向业务的上下游进行拓展。例如，盛知华就从专利运营逐步拓展至技术成果转化的全流程服务。

综合而言，随着专利运营这一业务逐渐深入人心，不同的运营主体也开始逐步拓展，在多元化运营主体的基础之上，又形成了业务相互交叉配合的运营网络。多元化的运营主体结构能够有效区分不同专利权的业务拓展需求，并通过业务模式的拓展实现运营流程的连贯性服务。这成为了推动我国专利运营业务快速发展的重要因素。

三、运营目标的一致性

虽然运营模式日新月异，运营主体层出不穷，但是无论是何种运营主体，以何种运营模式进行操作，专利运营这一业务的底层逻辑与其核心目标却是始终如一的。也即专利运营的实施对象（客体）是专利权；而专利运营的根本目的，则是通过特定的运营操作来实现专利权价值的最大化。

而且无论专利运营采取何种运营模式，其都需要围绕专利权的三种基本属性来展开运营活动。专利权的技术创新属性决定了专利权的范围和效力，是开展后续市场化无形资产运作的必要基础；专利的无形资产属性本身的不确定性，则提升了对专利运营主体的专业性的要求；专利权价值运营属性中关于运营主体和运营客体的多元化选择与组合，也丰富了专利运营模式范围。

但是，无论专利运营在从研发到市场化中间的何种环节进行介入，专利运营这种市场化行为的目标都是一致且统一的，也就是通过专利资产和市场要素的优化组合配置，最终实现专利权价值的最大化。

首先，专利运营的首要环节是向专利权投资，获得具有经济价值的专利权。一些专业的专利运营公司，例如高智发明有限公司，往往选择从 R&D 源头抓起，通过资助发明人而获得专利权的排他性许可。其次，通过专利整合运营环节，对所运营的专利进行布局和优化组合，进一步提升专利权的价值，形成专利网布局以及创建专利池，构建专利联盟，面向全球市场经营专利池。最后，通过专利收益运营环节实现专利权价值的最大化，包括专利转让、专利许可、专利拍卖、专利托管、专利证券化、专利担保、专利质押、专利保险、专利诉讼等[1]。

第二节 适宜我国的专利运营模式与路径

虽然专利运营这一特定概念基本可以确定是源自我国的，但是对于专利权这种无形资产进行管理和经营的市场化活动，我国起步晚于欧、美、日、韩等国家和地区，这实际上与各类实体产业的发展情况是相匹配的。

但是，我国近年来在相关领域内的增长趋势却十分明显。一方面，越来越多的市场化主体开始参与到专利运营这一业务领域，并且市场的运营主体已经形成了包括高校、科技类企业、科研院所以及政府部门的多元化网络结构。此外，专利代理、法律、咨询、运营和财务中介以及数据信息等专业服务机构也以各种形式加入了这一多元化网络结构，更加丰富了专利运营网络的专业化背

[1] 刘淑华，韩秀成，谢小勇．专利运营基本问题探析［J］．知识产权，2017（1）：93－98.

景。另一方面，我国本身在专利存量和增量方面都有着领先其他国家的优势基础，虽然在整体质量方面依然存在着一些改进空间，但是体量本身的巨大优势，奠定了专利运营业务的产业规模。

随着各类运营主体对专利运营内涵和外延理解的不断深入，我国目前专利运营业务的范围在不断拓展，不再局限于专利权的交易和转让、专利权的许可、专利权的质押、专利资产的证券化及侵权诉讼等常见商业模式，衍生了创新的商业模式和逐步拓展的上下游服务链条，使得专利运营基本涵盖技术创新从研发到转化再到产业化的全流程。同时，随着我国在政策导向和法律法规方面的不断推进，国内市场的知识产权保护环境迅速提升，这也为专利运营业务的快速提升奠定了坚实的环境基础。

但是，需要认识到的是，专利运营产业虽然已经取得了长足进步，但是其可持续发展仍需要进一步提升国内市场的知识产权保护力度，我国的专利运营市场发展依然迫切需要与国情和产业发展态势相匹配的专利运营整体框架。

总的来说，国外的专利运营起步较早，理论研究成果和实践探索经验更为丰富，从这些优秀案例中可以得到启示，可将其作为我国地方专利运营基金新模式的构建思路。

一、借鉴国外成功经验

国外以政府为主导的专利运营模式如图 9－1 所示。[1]

政府遵循价值链理论的内在规律，通过政策制定、专利授权、监督管理的专利运营基本活动，以及经费投入、国家项目、人力资源、采购支持的专利运营辅助活动，为中介机构、高校和企业提供创新激励动力，从而开展专利运营活动，实现专利运营收益。

国内专利运营基金的建立可以参照国外专利运营方式，借鉴其优势之处，进一步发挥政府职能，引导企业和社会资本投入，起到放大作用；同时在运营的中后期把政府主导的运营权转移给市场及中介机构，充分尊重市场经济发展与价值规律，进一步降低政府直接干预的程度，以期进一步改变国内转移转化以及专利运营效率低下的问题。

---

[1] 孙惠娟．基于中外对比的专利运营模式研究［D］．南京：江苏大学，2014.

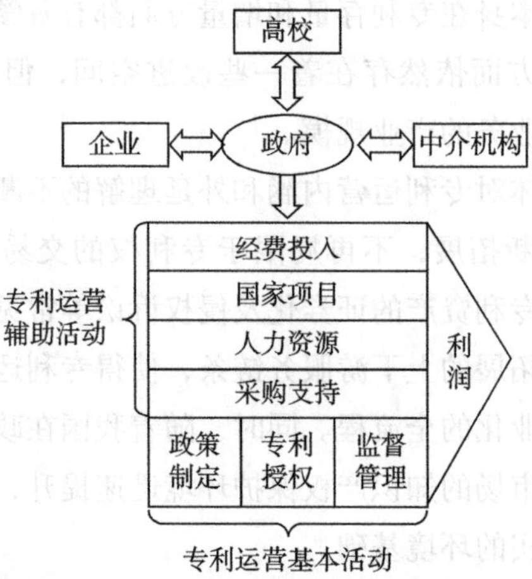

图 9－1　国外以政府主导的专利运营模式

二、充分发挥各类运营主体作用

从国内已有的专利运营机构中不难看出，由政府主导、社会资本广泛参与的占多数，政府引导主要起引领和示范作用，后续还要依赖市场化运作方式才能实现可持续发展。

纵观整个专利运营市场，没有哪个专利运营机构仅仅依靠一家机构就完成所有业务，往往需要整合评估、担保、金融、法律等专业机构共同盘活市场，助力企业实现创新发展。

因此，通过政府资金引导专利运营主体的发展，如中介机构、高校企业成立专利联盟，推进专利标准化；充分发挥专利运营链条中各因素的主要效用，如政府起监管作用、高校起人才培养作用、NPE 起中介联系作用等。政府在制定专利运营基金政策时应考虑对各类专利运营模式的支持，运营发展初期以政府投资为主导，优先支持 NPE 等模式，中后期通过支持多种专利运营方式的协同发展，充分发挥各主体作用。

三、支持与金融结合的运营基金模式

支持国内优秀专利运营基金优先发展。

从出资人的性质来看，专利运营基金大致可分为由政府资金引导、社会资本参与的运营基金，以及主要由企业出资主导的市场化运营基金，两者在运营模式上各具特色。国内现有的专利运营基金主要的运作方式为政府出资引导，社会企业参与，并进行市场化运营。除广东省粤科国联知识产权投资运营基金总规划30亿元、军民融合知识产权运营基金（绵阳）总规模50亿元之外，其余专利运营基金资本体量大致相当。同时，除睿创基金、国知基金、紫藤基金之外，所列出的专利运营基金都是以地区为单位，所关注的行业多是各地龙头企业和朝阳产业。睿创的资本结构包括了多家互联网公司，主要关注移动互联相关产业。这些情况对比很好地体现了专利运营基金作为资本逐利的特性，其最终目的是通过对专利的运营来创造更多的利益和价值。

因此，地方政府可以吸取国内优秀运营基金的管理和发展经验，出台相关政策支持其优先发展，以期挖掘出一支符合地方特色和优势的专利运营基金。

致 谢

感谢编委会成员的辛勤工作以及在书稿研讨和修改过程中付出的努力。

感谢中国科学院大连化学物理研究所各级领导对本书编写提供的指导和建议。

感谢江苏大学各级领导对本书编写提供的指导和建议。

感谢辽宁滨海实验室相关领导、专家以及中国科学院大连化学物理研究所低碳战略研究中心在本书编写过程中给予的大力支持。

本书在编写及修改过程中还得到了国家洁净能源产业知识产权运营中心、大连化学物理研究所技术与创新支持中心（DICP－TISC）、江苏大学技术与创新支持中心，辽宁洁净能源知识产权运营中心、大连市清洁能源专利运营中心的大力帮助和支持，在此一并感谢。